Hartwig Hausdorf

Bizarre Wirklichkeiten

Hartwig Hausdorf

Bizarre Wirklichkeiten

Auf geheimen Wegen ins Unbekannte

Mit 36 Fotos und 2 Abbildungen

Herbig

Bildquellen

Obwohl sich Verlag und Autor bemüht haben, zu sämtlichen Abbildungen dieses Buches die entsprechende Nachdruckerlaubnis einzuholen, ist es nicht in allen Fällen gelungen, die jeweiligen Inhaber der Rechte ausfindig zu machen. Sofern diese uns aber in Kenntnis setzen, sind wir selbstverständlich darum bemüht, die Inhaber der betreffenden Bildrechte in künftigen Ausgaben namentlich zu nennen.

Archiv Autor: 4, 5, 6, 8, 22, 23, 24, 25, 26, 30, 31, 32, 33, Abb. im Text 2; BILD Hamburg: 9, 10, 11, 12, 13, 14; ESO European Southern Observatory: 36; FATE Magazine: 21; Stephan Focke: 34, 35, Vor- und Nachsatz; Werner Keller: 16, 17, 20; Tanja Lugmayr: 1, 2; J. R. Norman: Abb. im Text 1; Royal Canadian Mounted Police: 19; Ted Serios: 15, 18; John Sullivan: 27, 28, 29; Tony Unstead: 7; Robert Zmuda: 3.

Vor- und Nachsatz
Vielleicht eines der erstaunlichsten Phänomene
der jüngsten Zeit: Sind »Orbs« – kugelförmige Lichtbälle –
intelligente Lebensformen aus einer anderen,
bizarren Wirklichkeit?

Besuchen Sie uns im Internet unter:
http://www.herbig-verlag.de

Sonderproduktion 1. Auflage 2007

Schutzumschlag: Wolfgang Heinzel
Umschlagbild: Corbis, Düsseldorf
Herstellung und Satz: VerlagsService Dr. Helmut Neuberger
& Karl Schaumann GmbH, Heimstetten
Gesetzt aus der 11/14,5 Punkt Stempel Garamond
Druck und Binden: GGP Media GmbH, Pößneck
Printed in Germany
ISBN 978-3-7766-5015-0

»Die Wirklichkeit
hört nicht an
jenem Punkt auf,
wo unser Wissen
von ihr aufhört.«

Professor Werner Jäger
(1888–1961),
Philologe

Inhalt

Bizarr. Verrückt. Unmöglich. *Das Dumme an der Sache ist: Alles ist real!*

»Ich habe nur einen Strauß Blumen gepflückt und nichts hinzugefügt als den Faden, der sie verbindet.«

Michel Eyquem de Montaigne
(1533–1593), französischer Philosoph

Hand auf's Herz, meine sehr verehrten Leserinnen und Leser: Wie weit geht Ihr Glauben an das, was wir einen »gesunden Menschenverstand« nennen? Welchen Stellenwert hat in Ihren Augen noch unser so genanntes solides, gesichertes Schulwissen? Sind dies noch Begriffe, die für Sie die Eckpfeiler eines Koordinatensystems markieren, in dem Sie sich und Ihre Ansicht unserer Welt wiederfinden? Oder sind Sie dafür empfänglich, die ausgetrampelten Pfade unseres gültigen Weltbildes zu verlassen, die uns einzig in der trügerischen Sicherheit wiegen, alles rational und logisch erklären zu können?

Mit diesem Buch habe ich einen Anschlag vor. Weniger natürlich auf meine Leser, denen ich durchaus ein gutes Maß an kritischem Denkvermögen zutraue wie auch ein gesundes Misstrauen gegenüber vorgekauten, ebenso gängigen wie falschen Erklärungsmustern. Mein Attentat richtet sich auf ein ganz anderes Ziel. Es sind nicht mehr und nicht weniger als die Grundfesten unseres hoffnungslos antiquierten Weltbildes selbst, welche ich da ins Visier genommen habe. Es soll ein »Generalangriff« auf den Rationalismus sein, der Grundrichtung unseres Denkens, die von jener Überzeugung ausgeht, dass alles in unserem Universum logischen und berechenbaren Grundsätzen folgt.

Schon hat dieser Rationalismus unübersehbar Risse bekommen. Doch noch immer klammert sich eine Fraktion Unverbesserlicher, den Rücken gestärkt durch die unvermeidlichen, selbsternannten Erzskeptiker, die alles aus dem Rahmen Fallende zuerst einmal in Bausch und Bogen verdammen, wie an den sprichwörtlichen Fels in der Brandung. Es kann nicht sein, was nicht sein darf. Fakten und Phänomene, deren bloße Existenz uns weit jenseits der Grenzen unseres Wissens führen, zeigen jedoch immer deutlicher die Unzulänglichkeiten des Rationalismus auf, läuten unüberhörbar dessen baldiges Ende ein.

Denn rund um uns geschehen bizarre Dinge, verrückte Absonderlichkeiten und »unmögliche« Vorfälle. Sie beunruhigten vergangene Generationen, geschehen heute und werden uns auch morgen noch in ihren Bann ziehen. Mit den Vorstellungen, die wir von der »Realität« besitzen, haben sie wenig bis gar nichts zu tun. Auf Tieren erscheinen Schriftzeichen, die Namen wie *Allah* oder *Mohammed* bilden. Oder eines jener Muster, wie sie für die geheimnisumwitterten Kornkreise so charakteristisch sind. Reihenweise ereignen sich Koinzidenzen, die den Rahmen zufälligen Geschehens so nachhaltig sprengen, dass jede Wahrscheinlichkeit hierfür den Wert Null erreicht. Gedanken erscheinen auf Fotos oder nehmen sogar konkrete Gestalt an. Im Gegensatz dazu verursachen »Phantomschützen« aus dem Nichts mit unsichtbaren Kugeln astronomisch hohe Schäden und bedrohen unsere körperliche Unversehrtheit. Personen verschwinden ganz plötzlich, von einem Schritt zum nächsten, buchstäblich ins Nichts. Anstatt bergab, fließt Wasser bergauf, physikalische Gesetze gelten nicht mehr, und Feuerbälle wie andere unerklärliche Lichter demonstrieren eindeutig intelligentes Verhalten.

Menschen wie Sie und ich fallen unvermittelt aus der gewohnten Umgebung und befinden sich in irgendeinem »Anderswo«. Existiert neben unserer vertrauten Welt gewissermaßen »Tür an Tür« eine fremde Realität, wobei es hin und wieder zu einem kleinen »Grenzverkehr« zwischen den Dimensionen kommt? Gibt es geheimnisvolle Intelligenzen, die mit solch »unmöglichen« Fakten auf sich aufmerksam machen wollen? Oder treibt irgendjemand seinen perfiden Spaß mit uns – ein »kosmischer Kobold«, wie ihn ein paar unkonventionelle Vordenker der modernen Chaosforschung zu bezeichnen pflegen?

Immer deutlicher wird der Ruf nach einer neuen Dimension in unserem Denken. Viel zu lange haben die allmächtigen Naturwissenschaften versucht, alles Sein in diesem Universum auf rein physikalisch-chemische Prozesse zu reduzieren, auf mechanische Abläufe zurückzuführen. Einem Uhrwerk vergleichbar, das – einmal aufgezogen – stur und unbeirrbar abläuft. Ohne aber zu bedenken, dass ein Uhrwerk nicht nur ab und an des Aufziehens bedarf, sondern auch einmal ganz anders gehen kann, als von ihm erwartet wird.

Was tun? Den Kopf weiterhin im Sand verbergen und so tun, als gäbe es nur unsere heile, stets logisch zu erklärende Welt? In meinem Buch »Die Rückkehr der Drachen« habe ich geschrieben: »Die Naturwissenschaften (...) vermitteln uns häufig den Eindruck einer Luxuslimousine, welche auf einer geraden und gut ausgebauten Straße unterwegs ist. Doch zu beiden Seiten dieses prachtvollen, von hellen Neonlichtern illuminierten Asphaltbandes erstreckt sich eine wilde, unerforschte Landschaft voller Wunder und Geheimnisse.«

Sollen wir also die Existenz jener wundersamen Welt voller Rätsel und Mysterien, deren Grenzen zu der unseren oftmals ins Fließen geraten, weiterhin ableugnen?

Wenn die Wissenschaft den tiefen Ozean der Wahrheit erforschen will, dann muss sie wohl oder übel »vernünftige« wie auch »verrückte« Vorstellungen in Erwägung ziehen. Und wenn es dann um Erkenntnisse geht, die dem viel zitierten »gesunden Menschenverstand« ganz offensichtlich widersprechen, muss dieser unter Umständen über Bord geworfen werden. Natürlich nicht komplett, aber in bestimmten Bereichen, wo er einem frischen Denken und einer unverbauten Sicht der Dinge im Wege steht.

Folgen Sie mir nun auf eine atemberaubende Entdeckungsreise in die bizarren Niederungen unserer so genannten Realität, tief in die weißen Flecken auf der Landkarte jenes Wissens, das wir über die Welt rings um uns zu besitzen glauben. Wahrscheinlich werden Sie nachher nicht mehr derselbe Mensch sein, durchstoßen Sie doch eine Pforte zu einer ganz anderen Welt ...

1 Zeichen und Wunder
Wer schreibt den Namen Gottes auf Fische?

»Kein rationales System vermag alle unsere Phänomene miteinander zu vereinigen oder in Übereinstimmung zu bringen. Deshalb müssen wir selbst rational denken und daraus den Schluss ziehen, dass es eine irrationale Kosmologie zu suchen gilt.«

Robert Rickard, »Fortean Times«

Das Unfassbare ereignete sich am 6. Juli 2001. Robert Zmuda, ein Familienvater aus der polnischen Stadt Lublin, ging wieder einmal seinem liebsten Hobby nach. Es war Freitagnachmittag, und er fuhr zum Angeln.

Häufig weilte er zu diesem Zweck an einem am Stadtrand gelegenen Weiher, dessen Besitzer mit den Hobbyanglern die überaus faire Regelung getroffen hatte, dass diese ihre Gebühren nur im Fall des Erfolges an ihn zu bezahlen hätten, und zwar nach der Anzahl der gefangenen Fische.

Um seiner Familie am bevorstehenden Wochenende ein Festmahl bieten zu können, hoffte Robert Zmuda auf den Fang eines kapitalen Karpfens.

Bald ruckte das Ende seiner Angelschnur, und erfreut bemerkte Herr Zmuda, dass er tatsächlich einen Karpfen von beachtlichen Ausmaßen am Haken hatte. Er nahm seinen Käscher, um das Tier aus dem Wasser zu ziehen. Und im selben Augenblick begann eine unglaubliche Serie rätselhafter Ereignisse, die ihre Fortsetzung sogar in den Vorbereitungen zu diesen Zeilen fand. Das erste Missgeschick war, dass die massive Metallstange des Käschers von Herrn Zmuda an drei Stellen zugleich brach.

Mit Hilfe eines anderen Hobbyanglers gelang es schließlich, den Fisch an Land zu ziehen. Dieser wies eine äußerst mysteriöse Zeichnung an beiden Seiten auf: Ein Kreuz mit gleichmäßigen Ringen an dessen Armen – genau wie einige Kornkreisformationen, wie sie in schöner Regelmäßigkeit auf den Feldern der verschiedensten Länder auftauchen!

Robert Zmuda machte ein Foto von dem außergewöhnlichen Tier (siehe Bildteil), das übrigens danach seiner ihm zugedachten Bestimmung zugeführt wurde: Es wurde im trauten Familienkreis verzehrt. Als der Hobbyangler später versuchte, das Bild im Fotolabor einzuscannen, ging der Scanner ganz plötzlich kaputt. Der Vorgang wiederholte sich mehrere Male, und stets waren die Techniker, was den Grund des so penetrant auftretenden Defekts betraf, vollkommen ratlos.

Ganz Ähnliches widerfuhr auch mir selbst, als ich in meinem angestammten Fotostudio Reproduktionen des »Kornkreis-Fischfotos« machen ließ. Die digitale Technik begann mit einem Mal zu »spinnen« – bereits gelöschte Bilder tauchten plötzlich wieder auf, gerade erst abgespeicherte Fotos verschwanden ganz unvermittelt aus dem Rechner. Der deutlich irritierte Studioinhaber erklärte mir daraufhin, dass ihn sein Equipment bisher noch nie mit derartigen Fehlfunktionen überrascht hätte. Zum Glück darf ich meine Fotoarbeiten auch weiterhin in seinem Studio machen lassen …

Ungefähr zwei Wochen, nachdem Robert Zmuda den so ungewöhnlich gezeichneten Karpfen gefangen hatte, verfolgte er eine Dokumentation auf dem polnischen Fernsehsender TVP-2. Das Thema dieser Sendung waren Kornkreise, die man in der Nähe das Ortes Wylatów gefunden hatte.

Als er sich die Piktogramme ansah, fiel er vor Schreck beinahe vom Stuhl. Denn exakt dieselben Zeichen – ein Kreuz, welches Ringe an dessen Enden trägt – wie der von Zmuda geangelte Karpfen trug auch eine Kornkreisformation, welche in der Nacht vom 21. auf den 22. Juli des Jahres 2000 nahe Wylatów zum Vorschein gekommen war.

Dieses Symbol ist übrigens schon recht alt. In der Esoterik misst man ihm als Bedeutung die Vorherrschaft des Geistes über die Materie bei. Welche geheimnisvollen Kräfte zwischen Himmel und Erde aber dafür gesorgt haben, dass dies Zeichen auf beiden Seiten eines Karpfens erschienen ist, entzieht sich unser aller Kenntnis. Herr Zmuda selbst schwört Stein und Bein, dass jene Abdrücke den Fisch bereits zierten, als er ihn aus dem Wasser zog – sich folglich die Kreuze und Ringe keinesfalls durch Lagerung des Karpfens auf einem so gestalteten Untergrund abgedrückt haben konnten.[1]

Wer also ist als »Gestalter« dieses »Kornkreis-Karpfens« in die Verantwortung zu nehmen? Spielt irgendeine Intelligenz mit uns, hat irgendetwas oder irgendwer seine klammheimliche Freude daran, unser liebgewordenes, aber hoffnungslos antiquiertes Weltbild nachhaltig zu erschüttern?

Ein weiterer, brandaktueller Fall dieser Art macht seit dem Herbst des Jahres 2003 in meiner ostbayerischen Heimat die Runde. Dort entdeckte ein Aquarienfreund aus dem Städtchen Waldkraiburg auf einem seiner Zierfische Unerhörtes. Auf der einen Seite trägt der Buntbarsch das Wort »Allah«. Doch nicht genug der mysteriösen Zeichen, entziffert man auf der anderen Seite den Namen »Mohammed« – beides in arabischen Schriftzeichen geschrieben. Dem Vernehmen nach wurden dem Fischzüchter schon hohe Summen für seinen phänomenalen »Allah-Fisch« geboten, allen voran ein großzügiges Angebot aus den Vereinigten Arabischen Emiraten. Doch vorerst bleibt er zurückhaltend.[2]

Es ist – vom Standpunkt unseres so genannten Rationalismus – völlig ungeklärt und auch nicht nachzuvollziehen, wie es zu so etwas kommen kann, das mit der schwammigen Bezeichnung »Laune der Natur« alles andere als zutreffend erklärt sein dürfte. In der Tat lassen derlei phantastische Fakten höchst beunruhigende Rückschlüsse auf die Wechselbeziehungen zwischen Bewusstsein und Materie zu. Sie stellen sogar alles das in Frage, was wir über die so genannte Realität zu wissen glaubten. Nichts ist so, wie es scheint …

Und trotzdem sind Fälle wie diese gar nicht so selten. Meine Recherchen haben noch etliche weitere »Verrücktheiten« ans Licht des Tages gebracht.

»Union Jack«

Nachdem die Briten im Jahre 1806 eine Kolonie am südafrikanischen Kap der Guten Hoffnung gegründet hatten, kam es in der Folgezeit wiederholt zu heftigen Kriegen sowohl mit den eingeborenen Schwarzen als auch mit den aus Holland eingewanderten Buren. Die Engländer gingen – vornehmlich aus den Burenkriegen von 1899 bis 1902 – als Sieger hervor und gründeten 1910 die Südafrikanische Union. Dieses Land bekam den Status eines »Dominions«, also einer britischen Überseebesitzung mit dem Recht zur Selbstverwaltung. Trotzdem versuchte man am Kap, noch mehr Unabhängigkeit von der Krone zu erringen.

Im Jahre 1926 diskutierten die (weißen) Südafrikaner heftig darüber, ob man als Nationalflagge den britischen »Union Jack« beibehalten oder künftighin die gerade erst entworfene südafrikanische Fahne benutzen sollte. Während die Diskussionen darüber noch voll im Gange waren, kam ein Vorschlag von gänzlich unerwarteter Seite.

Ein indischstämmiger Fischer fing vor der Ostküste des Landes bei Durban einen Fisch, dessen Schuppen auf beiden Seiten die naturgetreue Zeichnung der besagten britischen Flagge bildeten. Das ganze wirkte »wie ein gelungener Versuch der Natur, die Nationalfahne wiederzugeben«, begeisterte sich die »Daily News«, der dieser »loyale Union-Jack-Fisch« einen großen Artikel am 19. Oktober 1926 wert war.[3] Und weil die Bemühungen der Natur, oder was immer auch hinter Manifestationen wie dieser stecken mag, wirklich als gelungen zu bezeichnen sind, präsentiere ich den der britischen Monarchie so treu ergebenen Flossenträger im Bildteil dieses Buches.

Da sollte es doch eigentlich niemanden mehr sonderlich verwundern, dass die Zeichnung auf der Schwanzflosse eines vor der Insel Sansibar im Osten Afrikas heimischen Korallenfisches zuweilen aus arabischen Schriftzeichen besteht. Diese bilden auf Arabisch den Satz: »Es gibt keinen Gott außer Gott.« Fischer, denen vor den Küsten des Indischen Ozeans solche Exemplare ins Netz gehen, werfen sie ehrfürchtig wieder ins Meer zurück.[4,5]

Es ist seltsam: Irgendwie scheinen Fische eine geheimnisvolle Affinität für diese Sprache nebst der dazugehörigen Schrift zu besitzen. Imitiert hier die Natur einige von Menschenhand geschaffene Symbole, oder ist es umgekehrt? Und wem noch die vorhergehende Geschichte von dem loyalen Fisch mit dem »Union Jack« in den Ohren klingt, der sei kurz daran erinnert, dass die farbenprächtigen Korallenfische vor der Ostküste Afrikas beheimatet sind – eine Region,

Abb. 1: Die Schriftzeichen auf der Schwanzflosse dieses Korallenfisches bedeuten auf Arabisch: »Es gibt keinen Gott außer Gott.«

in welcher sich, von der Arabischen Halbinsel ausgehend, der Islam sehr stark ausgebreitet hat.

»Heike gani«

Jetzt sollte aber Schluss sein – was zuviel ist, ist zuviel! Peinlich ist allerdings, dass sich jene Phänomene, die jeglichem Rationalismus offenen Hohn entgegenschleudern, absolut gar nichts um unser angeknackstes Weltbild scheren. Also fahren wir munter fort mit solch »schrägen« Dingen – und keine Bange. Denn der Mensch verkraftet bekanntlich ein gerütteltes Maß an »starkem Tobak«. Besonders dann, wenn er sich schon einmal vorsorglich mit der Gewissheit anfreunden durfte, dass die so genannte »Realität« weit mehr umfasst als jenen kleinen Bereich, den wir mit unseren fünf Sinnen und der so krampfhaft bemühten Selbstüberlistung erfassen können, der wir die Bezeichnung »gesunder Menschenverstand« verliehen haben.

Bleiben wir also noch eine Weile bei den Lebewesen, die das Wasser unseres Planeten bevölkern. Dass sich Fische zuweilen an Kornkreismustern, viel lieber aber noch an arabischen Schriftzeichen orientieren, haben wir womöglich schon verdaut. Um eine Stufe ausgefallener präsentieren sich die japanischen *Heike gani*, auf Deutsch »Heike-Krabben« und in der einschlägigen Nomenklatur *Heikea Japonica* genannt.

Das Mittelalter war auch in Japan eine recht unruhige Periode. Immer mehr Macht ging damals vom Tenno, wie der gottgleiche Kaiser auf dem Chrysanthementhron genannt wird, an die Kasten der Ritter (*Samurai*) und der Krieger (*Bushi*) über. Japans eigentliche Beherrscher waren die Feldherren (*Shogun*). Diverse Clans und Interessengruppen wetteiferten um Macht und Einfluss, und kriegerische Auseinandersetzungen waren beinahe an der Tagesordnung.

Im Jahre 1185 wurde bei der Hafenstadt Shimonoseki am westlichen Ende der Insel Honshu eine gewaltige Seeschlacht ausgetragen, welche den jahrzehntelangen Widerstreit der Sippenverbände der Minamoto und der Heike beendete. In der Seeschlacht von Dan-no Ura wurden die Krieger der Heike vernichtend geschlagen. Viele wählten freiwillig den Tod und ertränkten sich in der Meerenge von Kanmon. Der Legende nach nahmen diese Krieger, während sie auf den Meeresgrund niedersanken, die Gestalt von Krabben an. Und alle Abkömmlinge dieser Krabben würden auf ihren Panzern noch immer die grimmigen Gesichter der gefallenen und ertrunkenen Soldaten zeigen, denen dadurch für alle Zeiten ein Denkmal gesetzt wurde.

Und diese Legende lebt! Denn der Rückenpanzer dieser an ein paar Küsten Japans lebenden Krabben weist in der Tat eine auffallende Ähnlichkeit mit den Gesichtern alter Samurai auf, wie sie uns von den japanischen Tuschzeichnungen und Holzschnitten aus dem Mittelalter bekannt sind. Bei den meisten dieser Schalentiere kann man nur *eine* Zeichnung erkennen, die dem Gesicht eines damaligen Kriegers gleicht.

Doch die größeren Exemplare – *taisho gani* oder »Oberstkrabben« und *tatsugashira gani* oder »Drachenhelmkrabben« genannt – gelten als Wiederverkörperung der toten Heike-Offiziere. Diese »Offizierskrabben« zeigen auf ihren Panzern nicht nur ein Antlitz, sondern auch Helme mit Hörnern. Ab und an sogar mit Drachen-Insignien und anderen Feldzeichen, wie sie für jene Kopfbedeckungen typisch waren, die im Mittelalter von den Offizieren der japanischen Feudalheere getragen wurden.

Welches sonderbare »Spiel« spielt die Natur – oder wer auch immer – mit uns? Anzumerken wäre hier, dass besagte Heike-Krabben im »Land der aufgehenden Sonne«, speziell in der Region um Shimonoseki, als außergewöhnliche kulinarische Köstlichkeiten gelten. Und nach der für den Heike-Clan vernichtenden Schlacht von Dan-no Ura baute man einen Schrein, Akama Jinja, damit die Seelen der toten Krieger eine neue Heimat bekämen. Ahnenverehrung, einmal etwas anders.[6,7]

Katzenkinder

Verlassen wir nun endlich – bevor uns noch Flossen und Kiemen zu wachsen beginnen – das »nasse Element«. Nicht aber jene wundersame Welt rätselhafter Ausgeburten unserer Realität, die uns an derselben zweifeln lässt, indem sie zum Beispiel den Namen »Allah« auf die Schuppen von Fischen schreibt.

Auch andere Tiere tragen zuweilen die seltsamsten Zeichnungen wie Stigmata auf ihrer Haut respektive ihrem Fell. In meinen Kindheitstagen besaß ich einen weiß-braunen Cocker-Spaniel, der auf seiner ansonsten rein weißen rechten Seite eine naturgetreue Zeichnung der Inseln England und Irland trug. Genau jene Region, wo diese Hunderasse speziell als Stöberhunde und für die Jagd auf Hühnervögel gezüchtet wurde.

Die britischen Inseln, auf dem Fell des geliebten Vierbeiners getragen, haben vielleicht meinen Sinn für derlei Absonderlichkeiten geschärft, die nur allzu gerne als »Zufälle« oder »Launen der Natur« abgetan werden. Welcher unergründlichen Eingebung aber folgte diese so launenhafte Natur bei einem jungen Kätzchen, das im Mai des Jahres 1921 im südfranzösischen Nizza geboren wurde? Der kleine Stubentiger – leider wurde sein Name nicht überliefert – trug nämlich deutlich erkennbar auf seinem weißen Bauchpelz in Grau die Zahl »1921«.[8]

»Honey Bear« ist gleichfalls ein Kätzchen. Es kam 1996 zur Welt und gehört dem Engländer Tony Unstead. Das Innere seiner rechten Ohrmuschel ist so geformt, dass man auf Anhieb ein Gesicht darin erkennt. Und zwar jenes des russischen Hasardeurs, Vertrauten am Hof des letzten Zaren und angeblichen Wunderheilers Grigorij Jefimowitsch *Rasputin* (1864–1916). Als dessen negativer Einfluss auf das Herrscherpaar immer unerträglicher für Hof und Staatsräson wurde, beschlossen einige Höflinge rund um den Fürsten Felix Felixowitsch Jussupow, den als dämonisch gefürchteten Rasputin zu ermorden.

Was sich allerdings nicht gerade als einfach erwies. Einige Anschläge zuvor hatte er bereits wie durch ein Wunder überlebt. Gleich einer Katze, schien auch der in Ungnade Gefallene neun Leben zu besitzen. Am 29. Dezember 1916 mischte man ihm Zyankali ins Essen und in den Wein, das Gift zeigte jedoch keinerlei Wirkung. So schoss Fürst Jussupow mehrere Male mit dem Revolver auf ihn, und zuletzt warf man den Sterbenden in die eisig kalte Newa, den Fluss, der durch die ehemalige Zarenresidenz Sankt Petersburg fließt.[9]

Doch zurück zu »Honey Bear«, dem schnurrenden Kater mit dem einwandfrei erkennbaren Antlitz Rasputins in der rechten Ohrmuschel. Damit nicht der Verdacht aufkommt, dass hier nur ein erfundenes Märchen zum Besten gegeben wurde – »si non è vero, è ben trovato« –, habe ich das Foto des Tieres nebst Vergleichsfotografie des dämonischen Russen gleichfalls im Bildteil dieses Buches wiedergegeben.[10]

Das Wunderlamm von Hebron

Am 22. März 2004 herrschten gewaltige Tumulte auf der »West Bank«, dem seit dem Sechstagekrieg von 1967 unter israelischer Verwaltung stehenden Westjordanland. Sicher waren es auch die politisch-militärischen Ereignisse jenes Märztages, welche die Gemüter der Palästinenser erregt hatten. Dies war nämlich der Tag, als die Israelis den geistigen Führer der palästinensischen Terror-Organisation Hamas, Sheikh Ahmed Yassin, vom Leben zum Tod beförderten. Besagter Yassin war als Hassprediger verantwortlich für zahllose Selbstmordattentate, die einem dauerhaften Frieden im Nahen Osten blutig im Wege stehen.

Gleichentags erlaubte sich unsere undurchsichtige Realität wieder einmal ein wahres Meisterstück, das recht gut in diesen Kontext intelligent gezeichneter Tiere passt.

Da wurde nämlich dem palästinensischen Bauern Yahya Atrash aus Hebron ein Lamm geboren, das – nicht anders als der erwähnte Buntbarsch aus einem oberbayerischen Aquarium – den göttlichen Namen »Allah« deutlich erkennbar auf seiner linken Flanke trägt. Ungeachtet der strengen israelischen Sicherheitsbestimmungen strömten an diesem und den Folgetagen hunderte Palästinenser durch die Checkpoints nach Hebron, um das »Wunder« mit eigenen Augen zu betrachten. Die britischen Nachrichtenagenturen BBC und Reuters berichteten darüber, doch in unserem Lande war dies Ereignis den Medien nicht einmal einen Fünfzeiler unter der Rubrik »Vermischtes« wert.

Leider wurde die Geburt des staunenswerten Geschöpfes umgehend von militanten Gruppierungen dazu missbraucht, als Zeichen des Himmels den am gleichen Tag getöteten Hamas-Anführer Sheikh Ahmed Yassin zu glorifizieren. Was immer für eine geheimnisumwobene Kraft hinter solchen Zeichen und Wundern stecken mag – eines erscheint mir sicher: Mit militanten Brandstiftern, die Menschen als lebende Bomben auf die Straßen schicken, hat dies alles nichts zu tun!

Die Ente im Baum

Nicht wenige Wissenschaftler gehen eingedenk solcher Absonderlichkeiten von einem ewiggültigen Prinzip aus, das der amerikanische Psychologe Dr. Jule Eisenbud als »subtile, ordnende Tendenzen oder Dispositionen, unsichtbar im

Universum eingewoben«, bezeichnet.[11] Nicht ganz so hochtrabend ist die Bezeichnung »kosmischer Kobold«, der als überirdischer Scherzbold auf unsere Kosten seinen Schabernack treibt. Und nach Carl Gustav Jung (1875–1961), dem großen Psychologen, sind solch »kosmische Scherze« phänomenologische Rätsel, vom Kollektiven Unbewussten geschaffen zur Freude der Menschen, deren Augen und Verstand für so etwas empfänglich sind.[12] Einen tieferen Einstieg in weitere vergleichbare Denk- und Erklärungsmodelle werde ich im folgenden Kapitel unternehmen, in dem es um haarsträubende *Koinzidenzen* geht.

Vielleicht besteht der »rote Faden«, der sich durch all jene oftmals unglaublich bizarren Begebenheiten zieht, ganz einfach darin, dass unsere so genannte »Realität« vollkommen anders funktioniert, als wir überhaupt zu erfassen in der Lage sind. Der amerikanische Autor Brad Steiger spricht in dem Zusammenhang von einer *Plastik-Realität*.[13] Und der leider viel zu früh verstorbene deutsche Naturwissenschaftler Dr. Johannes Fiebag (1956–1999) zog den Vergleich mit virtuellen Cyber-Welten, wie sie unsere Computer-Techniker immer ausgefeilter zu erschaffen versuchen.[14] Wer kann schon endgültig ausschließen, dass unser Universum nicht in Wirklichkeit ein virtuelles und sich selbst unablässig weiterentwickelndes Programm in einem Mega-Computer ist? Geschaffen von ein paar Spezialisten, die sich königlich über die verzweifelten Versuche der darin programmierten Wesen amüsieren, hinter die undurchschaubaren Gesetzmäßigkeiten des Programms zu kommen.

Jetzt möchte ich gegen Ende dieses Kapitels die wohl »abgefahrenste« Geschichte desselben präsentieren, die wie alle Begebenheiten in diesem Buch nur einen ganz kleinen Schönheitsfehler besitzt.

Nämlich den, dass sie sich tatsächlich ereignet hat. So geschehen im England der Königin Elisabeth I.

Dass sich die unmöglichsten Dinge auf unseren Mitgeschöpfen manifestieren, habe ich vorangehend aufgezeigt. Offensichtlich funktioniert es aber auch umgekehrt. In dem kleinen Dorf Sheldon nahe Bakewell – südwestlich von Sheffield in Mittelengland gelegen – beobachteten im Jahre 1601 mehrere Hirten und Bauern eine Ente, die in direktem Flug auf eine Esche zusteuerte. Der Aufprall war unvermeidlich. Als sich die Zeugen, in Vorfreude auf einen unerwarteten Braten, an die vermeintliche Stelle des Absturzes am Baum begaben, mussten sie feststellen, dass der Vogel nicht mehr da war – obwohl man sehen und hören konnte, wie er in die Esche einschlug.

Von Stund' an machten seltsame Gerüchte die Runde, dass die Ente auf mysteriöse Weise *im Baum* verschwunden sei, und von da an hieß die Esche nur noch »der Entenbaum«.

Eschen können sehr alt werden. Als dieses Exemplar Ende des 19. Jahrhunderts gefällt und der Stamm in Bretter zersägt wurde, zeigten diese an der »richtigen« Stelle die lebensgroße Zeichnung einer Ente. Genau so, als ob diese mit dem Kopf voran in das Holz eingedrungen wäre und sich hieraus nicht mehr hätte befreien können (siehe Bildteil). An der Stelle des Gehirns, der Leber und der Augen war das Holz vermodert.[3]

Wer oder was immer für solche Bocksprünge der Realität verantwortlich zeichnet, stellt mit geradezu grenzenloser Kreativität alles auf den Kopf und in Frage, was uns als »Wirklichkeit« bis dato sakrosankt und festgeschrieben schien. Dann ist die Welt, wie wir sie kennen, nichts anderes als eine gigantische Täuschung, ein Trugbild, dem wir jeden Tag erliegen?

Wächter des letzten Königs

Ende Oktober 2005 von einer ausgedehnten Mittelamerika-Reise zurückgekehrt, ließen mir die Vorbereitungen zu diesem Buch so viel Zeit, um die folgende Begebenheit noch einzufügen, welche gleichsam so bizarr und unglaublich erscheint, dass ich sie meinen Lesern nicht vorenthalten möchte.

Peter K., ein ausgewanderter Deutscher, lebt seit annähernd 35 Jahren in Guatemala, dem Staat in Mittelamerika, in dem das in zahlreiche Untergruppen zersplitterte Volk der Mayas knappe 50 Prozent der Gesamtbevölkerung ausmacht. Er spricht mehrere Maya-Dialekte. Von Beruf ist er zwar Agrartechniker, führt jedoch immer wieder gern kleine Gruppen oder Individualtouristen durch den Petén. Das ist die ganz dünn besiedelte Nordprovinz, gewissermaßen die »Grüne Hölle« Guatemalas mit ungezählten, im Dschungel versteckten Heiligtümern und Ansiedlungen der Mayas.

Wenn es die Zeit erlaubt, geht er auf eigene Faust, mit dem Geländemotorrad, auf Entdeckungsreise durch das nicht ungefährliche und von Moskitos, Schlangen und Kaimanen besiedelte Land. In dieser Urwaldregion hatte er, um die Jahreswende 2003/2004, ein äußerst mysteriöses Erlebnis, das ihn bis heute erschauern und zugleich immer wieder nachgrübeln lässt.

Jene Tour führte den Auswanderer in die alte, heilige Stadt Las Vinyas des Stammes der Qeq Che Mayas. Dieser Stamm war nur wenige Jahre vorher wieder aus den südlich gelegenen Nebelwäldern in die alte Stadt westlich der Laguna Perdida zurückgezogen, welche er vor einigen hundert Jahren verlassen hatte. Als Peter K. dieser Stätte seinen ersten Besuch abstattete, führte ihn der Häuptling durch den ganzen Ort, zeigte ihm Stufenpyramiden, auf denen nun Mais angebaut wurde, sowie alle Behausungen des Stammes. Einzig um einen Stolleneingang machte der Indio stets einen großen Bogen – zweifellos lag ein großes Tabu darüber. Auch alle anderen Stammesmitglieder kamen dem Eingang in die »Unterwelt« niemals zu nahe.

Als er sich einmal unbeobachtet glaubte, machte Peter eine »entschuldigende« Geste mit der Hand und betrat rasch in gebückter Haltung den geheimnisvollen Stollen. Schwärzeste Finsternis umfing ihn nach wenigen Schritten, doch er hatte seine Taschenlampe dabei, die er nun aufleuchten ließ. Nach ein paar Metern Weges bemerkte er gerade noch rechtzeitig den Abgrund, der sich vor ihm auftat – wäre er hineingestürzt, hätte er mir nicht berichten können, was er dort unten fand.

Nachdem sich seine Augen an die Dunkelheit gewöhnt hatten, leuchtete er in den Abgrund hinab, der mehrere Meter tief war und exakt rund wie ein Brunnenschacht herausgearbeitet schien.

Dort unten lag – eine riesige Schlange von Respekt einflößenden Dimensionen! Wie von distanziertem Interesse, hob sie ihren gewaltigen, dreieckigen Kopf und musterte den unvermuteten Eindringling mehrere Augenblicke lang. Dann legte sie ihn wieder auf ihren eingerollten Körper und kümmerte sich nicht mehr um ihren perplexen Besucher. Selbst das mehrmalige Aufblitzen von Peters Fotoapparat schien das Ungetüm in keiner Weise zu interessieren.

Später beschrieb er mehreren in Guatemala ansässigen Zoologen die von ihm eingehend beobachtete Schlange. Sie trug einen großen, grün-schwarzen Kopf sowie eine sehr auffallende, ornamentale Zeichnung auf ihrem Rücken. Und damit beginnt eine unglaubliche Serie von Fragen und Rätseln rund um das mysteriöse Reptil. Die befragten Zoologen konnten beim besten Willen keine Zuordnung zu bekannten

Schlangenarten treffen. Wie kam die Schlange dorthin? Wovon ernährt sich das riesige Tier da unten in dem tiefen, jeder Nahrung entbehrenden Schacht? Heraus kann es nicht. Die gelassene Reaktion des Reptils auf Peters unvermutetes Auftauchen ließ jedenfalls den Schluss zu, dass es nicht akut am Verhungern war.

Vollends irritieren sollte ihn jedoch die Aussage des Indio-Häuptlings, der den heimlichen Alleingang des neugierigen Deutschen beobachtet und nur deshalb toleriert hatte, weil dieser die erwähnte »entschuldigende« Geste gegenüber dem unter einem Tabu stehenden Ort gemacht hatte. Der Häuptling erklärte, bei dieser riesigen Schlange handle es sich um den Leibwächter des letzten Königs dieses Stammes, der vor mehreren hundert Jahren regiert hatte, bevor die Qeq Che Mayas in die südlicher gelegenen Nebelwälder ausgewandert waren. Und genauso lang harre der zum Reptil gewordene Wächter schon in der trostlosen Tiefe des dunklen Schachtes aus, wo der König begraben liegt.

Eine phantastische Geschichte. Doch Peter schwor mir, genau so hätte sich alles zugetragen – es sei das unheimlichste Erlebnis seines ganzen Lebens! Vielleicht schwer zu glauben, wären da nicht noch ein paar weitere, mysteriöse Umstände. Diese auffällig ornamentale Zeichnung auf dem Rücken der nicht klassifizierbaren Schlange entsprach exakt einem ornamentalen Muster, das sich in Las Vinyas an vielen Stellen wiederholte. Das Zeichen des letzten Königs vor dem Auszug gen Süden. Ein Krieger der Quiché Maya, mit dem der Deutsche wenige Zeit später noch einmal den ominösen Schacht mit der Schlange besuchte, starb nur sechs Monate später an Lungenentzündung. Keine allzu verbreitete Todesart in dieser feuchtheißen Region. Und seltsamerweise sind die – mit Blitz gemachten – Fotos der Schlange allesamt nichts geworden …

2 Kein bloßes Spiel der Willkür
Wer glaubt denn heute noch an Zufälle?

»Keine Ketchup-Flasche kann von der Feuerleiter eines Mietshauses in Harlem fallen, ohne die Pyjama-Preise in Jersey-City, die Körpertemperatur irgendeiner Schwiegermutter in Grönland oder die Nachfrage nach Rhinozeros-Horn in China zu beeinflussen.«

Charles H. Fort (1874–1932)

Ein ungemütlicher Herbstmorgen im Oktober 1993. Viel lieber wäre ich im Bett geblieben. Das Wochenende hatte ich bei meiner damaligen Freundin in Bad Kissingen verbracht. Und weil in ein paar Tagen eine längere Südamerika-Reise anstand, man sich deshalb einige Wochen nicht sehen konnte, war ich noch bis zum frühen Montagmorgen geblieben. Von dem unterfränkischen Kurort aus wollte ich gleich direkt zu meiner Arbeitsstätte durchfahren und brach entsprechend früh auf.

An diesem frühen Oktobermorgen begleitete mich stellenweise Nebel, bis ich bei Schweinfurt auf den Frankenschnellweg wechselte. Von dort ging es dann recht zügig weiter. Der Sechszylinder im Heck meines weißen 911er sorgte für kraftvollen Vortrieb, und schon nach kurzer Zeit erreichte ich unweit von Erlangen die Autobahn.

Erst wenige Kilometer hatte ich in Richtung Nürnberg hinter mich gebracht, als ganz plötzlich die rote Warnleuchte für die Lichtmaschine aufzuleuchten begann. Das konnte wirklich nichts Gutes bedeuten: Meistens signalisiert es das traurige Ende des Keilriemens, der sich verschleißbedingt mittels einem Riss aus dem Motorraum verabschiedet hat. Oder verschmortes Innenleben der Lichtmaschine. Die Folge ist in jedem Fall Überbeanspruchung der Batterie, die dann auch bald ihren Geist aufgibt. Hinzu gesellt sich fehlende Kühlung des Motors und im schlimmsten aller Fälle der Exitus der Maschine, verursacht durch Überhitzung infolge mangelnder Kühlung.

Das waren Aussichten! Ich muss wohl deutlich vernehmbar vor mich hingeflucht haben angesichts dieser höchst unwillkommenen »Abwechslung«. Jedenfalls ließ ich den Wagen, der mich bis dahin stets vor derartigen Überraschungen verschont hatte, langsam auf die Standspur rollen. Ich vermied es jedoch tunlichst, den Motor abzustellen. Man konnte ja nie wissen, ob die Batterie noch genügend Strom hergab, um hernach wieder zu starten. Mit gemischten Gefühlen stieg ich aus, öffnete die Heckklappe und – traute meinen Augen nicht mehr! Im Motorraum versah ein gänzlich unbeschädigter Keilriemen gewissenhaft seinen Dienst. Aber warum, um alles in der Welt, leuchtete die Ladekontroll-Lampe so penetrant weiter?

Mir blieb nichts anderes übrig, als wieder einzusteigen und die Fahrt fortzusetzen. Wohl war mir aber nicht bei dem quälenden Gedanken, dass irgendwann die Batterie vollkommen leer sein würde. Zu allem Ungemach hatte es auch noch zu regnen begonnen. Und an der unübersehbaren Tatsache, dass die Scheibenwischer bereits deutlich langsamer als üblich ihre Tätigkeit verrichteten, konnte ich mir in etwa ausrechnen, wann das Ende der Fahrt gekommen sein mochte. Nicht gerade wärmende Gedanken an diesem ungemütlichen Oktobermorgen.

Inzwischen war ich auf die Autobahn A 6 in Richtung Regensburg gewechselt, und kurz nach der Abzweigung steu-

1

1, 2 Ein Fisch mit Namen »Allah«: Im Herbst des Jahres 2003 entdeckte ein Aquarienfreund aus dem südostbayerischen Städtchen Waldkraiburg auf einem Buntbarsch in arabischen Schriftzeichen die Namen »Allah« und »Mohammed«.

2

3

3 *Ein unverkennbares Kornkreismuster zierte beide Seiten eines Karpfens, den der Hobby-Angler Robert Zmuda aus Lublin (Polen) am 6. Juli 2001 aus dem Wasser zog.*

4 *Verblüffend gut gelungener Versuch der »Natur« – oder was immer für eine Intelligenz dahinterstecken mag –, auf einem Fisch die britische Nationalflagge wiederzugeben.*

4

5

5 Am 22. März 2004 wurde dem palästinensischen Bauern Yahya Atrash aus Hebron ein Lamm geboren, das gleichfalls den Namen »Allah« in arabischer Schrift auf der linken Seite trägt.

6 Im Dorf Sheldon (Mittelengland) verschwand im Jahre 1601 eine Ente in vollem Flug in einer Esche. Als der Baum Ende des 19. Jahrhunderts gefällt wurde, war an der »richtigen« Stelle im Holz tatsächlich das naturgetreue Abbild einer Ente zu erkennen.

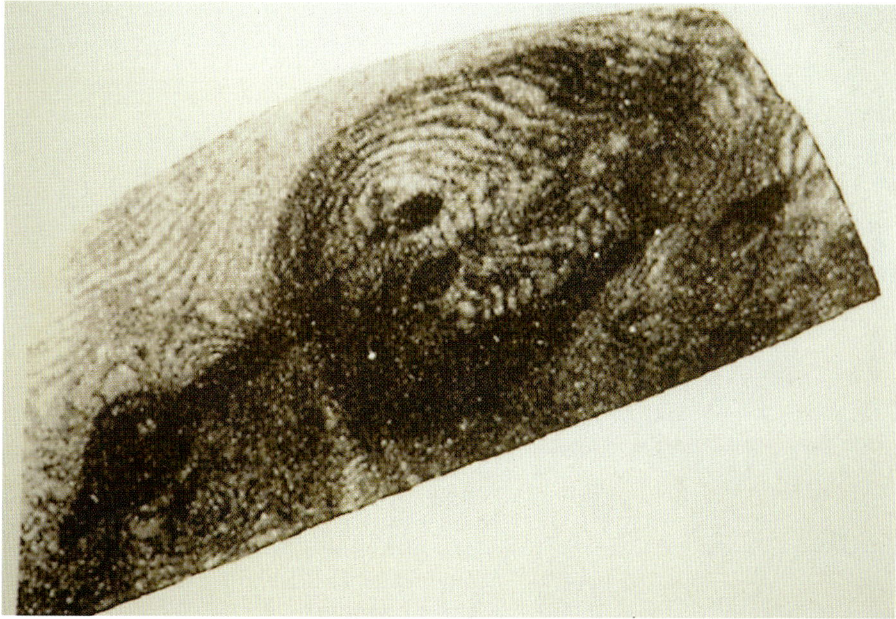

6

7 

8 

7 Das Kätzchen »Honey Bear« trägt in seiner rechten Ohrmuschel ein genaues Abbild des russischen Hasardeurs und Wunderheilers Rasputin.

8 Zum Vergleich hierzu ein zeitgenössisches Foto von Grigorij Jefimowitsch Rasputin (1864–1916), der zu Lebzeiten einen geradezu hypnotischen Einfluss auf das russische Herrscherpaar ausübte.

erte ich den nächsten Rastplatz an. Wieder vermied ich es, den Motor abzustellen, denn dieses Mal würde er wohl kaum erneut anspringen. Ich stieg aus und öffnete die bewusste Klappe, die hochkarätige Zuffenhausener Technik freigab. Für viele wohl ein Traum, welcher ihre Herzen höher schlagen lassen würde – mir nötigte er in diesem Augenblick allerdings nicht mehr als ein paar unfeine Flüche ab, die ich hier nicht wiedergeben möchte.

So klopfte ich in jener Verzweiflung, die sich in meine Wut gemischt hatte, den Spannungsregler und einige andere Bauteile ab, die ich als elektrische Accessoires erkannte. Und das Unglaubliche trat ein: Die Warnlampe erlosch genau so plötzlich, wie sie aufgeleuchtet hatte, gerade so als wäre nichts geschehen! Was nichts anderes bedeuten konnte, als dass der Generator wieder am Netz war und die fast leere Batterie zu laden begann. Mit drei bis vier Minuten Verzögerung, die mich beide Stopps im Ganzen gekostet hatten, setzte ich erleichtert die Fahrt über die Autobahn fort.

Kurz vor Regensburg – bei der kommenden Ausfahrt musste ich ohnehin die Autobahn verlassen – dann das Inferno. Ein anderer Sportwagen hatte einen LKW der Autobahnmeisterei gerammt, war danach quer über die Fahrbahn geschleudert und danach noch mit einer Reihe anderer Fahrzeuge kollidiert. In der Ferne sah ich die ersten Einsatzfahrzeuge herannahen, und ein anderer Fahrer sagte mir, der Unfall sei »eben erst passiert, gerade mal vor drei oder vier Minuten«.[15]

Ein späterer Werkstatt-Check zeigte keine Elektrikschäden. Die Ladekontroll-Lampe hatte übrigens vor diesem unglaublichen Erlebnis niemals aufgeleuchtet – und auch danach nicht. Einzig in diesem Fall hat sie den ihr zugedachten Zweck voll und ganz erfüllt: eben als *Warnlampe* …

Gleiche Stelle, gleicher Unfallgegner

Oft habe ich mich nach jenem nachdenklich stimmenden Erlebnis gefragt, welche Kraft wohl auf die elektrische Anlage meines 911er Porsche eingewirkt haben mag und mich damit fraglos vor Schlimmerem bewahrte.

»Zufall«, werden vielleicht die meisten wie aus der Pistole geschossen antworten. Was steckt eigentlich hinter diesem – in meinen Augen ebenso häufig wie missbräuchlich verwendeten – Begriff, der einem Hemmschuh gleich auf den Weg unserer Gedanken geschoben wird, wann immer unser Intellekt sich sträubt, über Undenkbares nachzudenken?

Per Definition spricht man von »Zufall«, wenn ein Ereignis nicht notwendig oder beabsichtigt auftritt. In der alltäglichen Sprache bezeichnet man ein Ereignis auch als zufällig, wenn es weder absehbar noch vorhersagbar oder berechenbar ist. Oft nennen wir, die wir in den Kategorien von Ursache und Wirkung zu denken erzogen wurden, auch das unvorhergesehene Zusammentreffen zweier Ereignisse Zufall. Haben wir eine fatalistische Prägung, so sprechen wir von der »unerforschlichen und blinden Macht des Schicksals«, welches von außen in das Geschehen eingreift. Insbesondere dann, wenn es sich um tragisch verlaufende Begebenheiten handelt.

Wie wir im Weiteren noch sehen werden, stoßen wir sehr bald an die Grenzen unseres kausalen Denkens – und gelangen zu der klugen Einsicht, dass »dort draußen« noch irgendetwas *jenseits* unseres Begreifens existieren muss.

Arnstorf, eine mittlere Gemeinde in Niederbayern, gehört zu jenen Orten, in denen jeder noch jeden kennt. Am frühen Morgen des 24. Januar 2003 verliert der 40-jährige Manfred B. auf der Staatsstraße zwischen Mariakirchen und der

Kreisstadt Pfarrkirchen auf abschüssiger, spiegelglatter Fahrbahn die Herrschaft über seinen Kleintransporter. Der Lieferwagen des verheirateten Heizungsmonteurs rutscht auf die Gegenfahrbahn, wo das Unvermeidliche dann seinen tragischen Lauf nimmt. Er rammt einen mit 19 Oberschülern besetzten Schulbus und prallt schließlich gegen einen Baum.

Für Manfred B. kommt jede Hilfe zu spät. Der herbeigerufene Notarzt kann nur noch den Tod des Familienvaters feststellen. Die Businsassen überstehen den fürchterlichen Anprall einigermaßen glimpflich: Der Fahrer und zwei Jugendliche erleiden zum Glück nur leichtere Blessuren.

Als sich die Kunde von dem tödlichen Unfall in der Gemeinde Arnstorf und Umgebung wie in Windeseile verbreitet, läuft vielen der Einwohner ein eiskalter Schauer über den Rücken. Denn zweieinhalb Jahre zuvor, am 28. Juni 2000, starb Alexander B., der Sohn des nun Verunglückten, an beinahe exakt der gleichen Stelle. So wie sein Vater hatte auch der damals 16-Jährige eine Kollision mit einem Bus. Unter nie geklärten Umständen war er mit seinem Moped auf die Gegenfahrbahn geraten und frontal mit einem Werksbus zusammengestoßen, der Arbeiter aus dem BMW-Werk in Dingolfing nach Hause brachte.

Das Unheimlichste an beiden Unfällen aber ist die Tatsache, dass am Steuer jenes Werksbusses, der dem 16-jährigen Alexander B. zum Verhängnis wurde, genau der gleiche Fahrer saß, der den Schulbus lenkte, in welchen Vater Manfred B. zweieinhalb Jahre später ungebremst hineinkrachte.[16]

Geschichten wie diese lassen uns schwerlich glauben, dass es nur »Zufälle« sind, die beispielsweise das Schicksal der Familie B. mit jenem des nicht weniger erschütterten Buschauffeurs untrennbar verwoben hatten. Ähnliches geschah einem Taxifahrer auf Bermuda. Dort wurden zwei Brüder von dem gleichen Taxi mit demselben Fahrer, der denselben Fahrgast beförderte, auf der gleichen Straße und auf dem gleichen Moped tödlich überfahren.

Wie die Zeitung »Liverpool Echo« am 21. Juli 1975 meldete, lag zwischen den beiden Unfällen jedoch ein ganzes Jahr.[3]

»Sichtbare Spuren unauffindbarer Prinzipien«

Auf die Fährte solch rätselhafter Vorfälle haben sich mittlerweile eine ganze Reihe Psychologen und Physiker, Mathematiker und Parapsychologen gesetzt. Das tiefste Geheimnis solcher »Kampfansagen an den Rationalismus« besteht darin, wie die unglaublich komplizierten Verkettungen der verschiedensten Ursachen und Wirkungen im Alltag zu einer sinnvollen Konstellation von Menschen, Orten und Ereignissen führen.

Der legendäre Schweizer Psychologe Carl Gustav Jung (1875–1961) prägte dafür den Begriff *Synchronizität*. Er verstand darunter ein nicht-kausales Ordnungsprinzip unserer Natur, also noch unerklärbare Sinn-Zusammenhänge zwischen physikalisch unabhängigen Ereignissen. Ein weiter verbreiteter Begriff mit im Grunde derselben Aussage ist die *Koinzidenz*. Bereits der deutsche Philosoph Arthur Schopenhauer (1788–1860) definierte diese als »das gleichzeitige Vorkommen von Ereignissen, die nicht kausal verbunden sind.«[17,18]

Schopenhauer führte den Gedanken noch genauer aus: »Gleichzeitige Ereignisse verlaufen in parallelen Linien. Ein und dasselbe Ereignis, obwohl ein Glied in vollständig unterschiedlichen Ketten, kommt dennoch in mehreren vor, so dass sich unweigerlich das Schicksal des einen Individuums mit dem Schicksale eines anderen trifft. Jeder ist der Hauptdarsteller in seinem eigenen Drama, während er auch gleichzeitig in einem ihm fremden Drama eine Rolle spielt.«[18]

Der erste, der die Gesetze der Koinzidenz wissenschaftlich untersuchte, war der bekannte Wiener Biologe Dr. Paul Kammerer (1880–1926). Bereits im Alter von 20 Jahren begann er ein »Tagebuch der Koinzidenzen« zu führen. Viele der darin verzeichneten Ereignisse waren ganz banal. So hatte Kammerer viele Stunden auf Parkbänken in Wien zugebracht und sorgfältig alle Menschen, die an ihm vorübergingen, registriert: Nach Geschlecht, Alter, Kleidung, ob sie Hüte, Bärte oder Pakete trugen, ob sie hinkten oder andere auffällige Merkmale besaßen.

Das Ergebnis dieser Notizen war, dass er beispielsweise Personen mit einander gleichenden Merkmalen zu bestimmten Zeiten auffallend gehäuft begegnete. Kam ein Mann mit Bart und Spazierstock des Weges, so konnte er sicher sein, dass kurz darauf noch weitere Männer mit Bart und Stock an ihm vorübergingen.

Kammerer nannte dieses Phänomen die »Serie« und war der festen Meinung, dass Koinzidenzen nur die Spitze eines Eisberges darstellen. Hinter ihnen verberge sich ein übergeordnetes kosmisches Prinzip, von dem die Menschheit noch nichts wisse.[19]

Einen Schritt weiter ging Wolfgang Pauli (1900–1958), der im Jahr 1945 für sein Äquivalenzprinzip den Nobelpreis für Physik erhielt. Er bezeichnete Koinzidenzen als »sichtbare Spuren unauffindbarer Prinzipien«. Gemeinsam mit C. G. Jung erklärte er: »Koinzidenzen sind Manifestationen eines kaum verständlichen universalen Prinzips, welches völlig unabhängig von den uns bekannten Gesetzen der Physik wirkt. Hieraus kann man schließen, dass Telepathie, Präkognition und auch Koinzidenzen Manifestationen der gleichen mysteriösen Kraft sind, welche danach strebt, dem chaotischen menschlichen Leben ihre eigene Ordnung aufzuerlegen.«[20]

Emile Deschamps' Vorliebe für Plumpudding

Zuweilen hat es den Anschein, als sei diese mysteriöse universelle Kraft darauf aus, mit uns ein perfides Spiel zu spielen. Einzig darum, um uns die Nichtigkeit jener »Realität«, an die wir uns so verzweifelt klammern, drastisch und schonungslos vor Augen zu führen. Eine intelligente Kraft?

Im Oktober des Jahres 1966 waren das Autorentrio George und Olive Ordish und Pearl Binder mit dem Exposé eines satirischen Romans beschäftigt, welcher dann 1972 unter dem Titel »Ladies Only« veröffentlicht wurde. Co-Autorin Pearl Binder schlug bei einem »Brainstorming« ganz spontan vor:

»Warum sollte er nicht in der Zukunft spielen, wenn die Bevölkerungsexplosion London beinahe unbewohnbar gemacht hat? Im Hyde Park gibt es dann Zeltlager für Obdachlose. Und dort zeltet dann auch einer dieser ewigen Flüchtlinge.«

»Ein Wiener«, warf Ordish ein, »ein verkommener alter Hausdiener mit einem dieser unaussprechlichen ungarisch klingenden Namen … Nadoloy …«

»Horvath-Nadoly«, ergänzte Ordishs Frau und Co-Autorin Olive.

Nur wenige Tage später wurde das literarische Trio durch eine unscheinbare Nachricht in der Zeitung überrascht. Die Polizei hatte im Hyde-Park einen alten, obdachlosen Ausländer aufgegriffen, der nächtens durch die Anlagen streifte. Seinen Namen gab der gebürtige Ungar mit *Horvath-Nadoly* an.[21]

Welche ungeheuerlich komplizierten Verkettungen mussten sich hier manifestieren, um aus jener spontanen Idee dreier Schriftsteller eine real existierende Gestalt zu erschaffen? Mitautorin Pearl Binder sagte später einmal über diese bizarre Koinzidenz: »Wir hatten das Gefühl, als hätten wir den Landstreicher erfunden und ihm das Leben geschenkt.«[21]

Der französische Astronom Camille Flammarion (1842–1925), in späteren Jahren Leiter des Observatoriums von Juvisy bei Paris, besaß ein lebhaftes Interesse für alle Arten mysteriöser Phänomene und Begebenheiten. So traf er sich regelmäßig mit dem gefeierten britischen Schriftsteller Sir Arthur Conan Doyle (1859–1930), um mit diesem ungeklärte Vorfälle zu erörtern. Bei einer solchen Gelegenheit berichtete Flammarion seinem Gast vom Erlebnis eines seiner Freunde, des Dichters Emile Deschamps. Eine wunderliche Koinzidenz, die sich beinahe durch dessen ganzes Leben zog.

In seiner Jugendzeit besuchte Deschamps ein Internat in Orléans, der prächtigen Stadt an der Loire südlich von Paris. Im Speisesaal saß er eines Tages einem gewissen Monsieur de Fortgibu gegenüber, welcher aus England eine Vorliebe für den damals in Frankreich noch unbekannten Plumpudding (ein als Weihnachtsspeise beliebtes Gebäck, das häufig mit Weinbrand flambiert gegessen wird; HH) mitgebracht hatte. Fortgibu beharrte darauf, dass Deschamps ein Stück der Spezialität probierte.

Zehn Jahre später kam Deschamps an einem Speiselokal vorbei und sah, dass darin ein Plumpudding zubereitet wurde. Die Erinnerung an diesen längst vergessenen Genuss stieg in ihm auf und bewog ihn, das Restaurant zu betreten und eine Scheibe zu bestellen. Der Plumpudding war jedoch leider schon von einem anderen Gast bestellt, und Deschamps blieb nichts anderes übrig, als diesen um eine Scheibe zu bitten. Der Unbekannte war kein anderer als Monsieur de Fortgibu, und beide Männer waren seltsam berührt, dass sie sich nach so langer Zeit zum zweiten Male beim Plumpudding begegnet waren.

Viele Jahre danach war Emile Deschamps zu einem Nachtessen eingeladen, bei dem es als Höhepunkt einen englischen Plumpudding gab. Dabei fiel ihm seine zweimalige Begegnung mit Fortgibu ein, und zur Erheiterung seines Gastgebers gab er die Geschichte zum Besten. Im Scherz sprachen sie noch von der Möglichkeit, dass der bestimmt schon hoch betagte Freund britischer Gaumenfreuden auch dieses Mal auftauchen könnte.

Was wenige Augenblicke später tatsächlich geschah! Monsieur de Fortgibu war ebenfalls zum Nachtessen eingeladen. Von einem anderen Hausbewohner, wie sich ergab. Fortgibu hatte sich nur in der Tür geirrt, und die Abendgesellschaft war mehr als verwirrt, als der mittlerweile schlohweiße Greis plötzlich in den Raum torkelte.

»In meinem Leben habe ich dreimal Plumpudding gegessen und dreimal Monsieur de Fortgibu gesehen«, sagte Deschamps. »Meine Haare standen mir zu Berge. Beim vierten Mal wäre ich zu allem imstande gewesen ... oder zu gar nichts!«[22]

Jene Serien von Verkettungen nicht kausaler Ereignisse, die der Biologe Paul Kammerer mit seinen banalen Beobachtungen von Wiener Parkbänken aus empirisch zu belegen vermochte, schlagen zuweilen mit unglaublicher Härte nach den Betroffenen. In diesen Fällen besteht die »sinnvolle Verbindung« dann in einem alles andere als günstigen Schicksal. Berichte über Unglücksserien oder gar sinistre Flüche machen die Runde, und weil das Interesse der Öffentlichkeit bekanntlich weit mehr von schlechten Nachrichten erregt wird denn von guten, werden Koinzidenzen zumeist mit fatalen Ereignissen in Verbindung gebracht. Obwohl sie in neun von zehn Fällen eher von harmloser Natur sein mögen – das aber zählt nicht in unserer sensationsorientierten Spaßgesellschaft. Nervenkitzel ist gefragt.

Zweimal abgestürzt

Flughafen Zürich-Kloten, am 22. Februar 1970. Um 13.14 Uhr hob eine vierstrahlige Convair 990 der *Swissair* zu ihrem planmäßigen Flug nach Tel Aviv ab. An Bord befanden sich 38 Passagiere und neun Besatzungsmitglieder. Die Convair hatte bereits eine Höhe von 4500 Metern erreicht, als Flugkapitän Berlinger an den Tower in Zürich durchgab: »An Bord alles o. k.«

Genau sieben Minuten nach dem Start, um 13.21 Uhr, meldete sich der Pilot erneut. Dieses Mal klang seine Stimme besorgt: »Explosion im hinteren Laderaum. Feuer an Bord!« Es folgte der internationale Hilferuf: »Mayday … Mayday …«

Obwohl Zürich-Tower Anweisung gab, sofort umzukehren und in Kloten notzulanden, schaffte es die Crew nicht mehr. Unmittelbar darauf stürzte die Verkehrsmaschine lichterloh brennend in ein Waldstück unweit der Ortschaft

Würenlingen und explodierte beim Aufprall. Von den 47 Menschen an Bord überlebte kein einziger. Ihre zerfetzten Körper wurden mitsamt den Resten des Flugzeugs über fast einen Quadratkilometer Fläche verstreut.

Unter den Opfern war auch der damals 39-jährige Rudolph Crisolli, Auslandsreporter im »ZDF-Magazin« von Gerhard Löwenthal. Crisolli hatte seinen Urlaub vorzeitig beendet, um einen Kollegen kurzfristig in Tel Aviv zu vertreten. Aus Sicherheitsgründen war er mit der Swissair geflogen und nicht mit der israelischen Fluglinie *El Al* – und damit direkt in den Tod!

Einen Tod, mit dem er wirklich nicht gerechnet hatte. Schon einmal, beim Absturz einer Boeing 707 auf dem Airport von Kalkutta, war er äußerst knapp mit dem Leben davongekommen. Jetzt konnte ihm – hiervon war er felsenfest überzeugt – nichts mehr passieren. Denn die Statistik würde gegen einen zweiten Crash sprechen. Diese besagt, dass die Chance, mit einem Flugzeug abzustürzen, zirka eins zu 350 000 beträgt. Doppelt unwahrscheinlich wäre es folglich, zweimal in eine solche Katastrophe hineinzugeraten. So unwahrscheinlich, dass man nicht mehr von »Zufall« sprechen könnte. Eher von dem »Gesetz der Serie«, wie es der bereits erwähnte Biologe Paul Kammerer schon vor mehr als 80 Jahren postuliert hat.

Mysteriöse Unglücksserie für das ZDF

Tatsächlich sollte nun eine solche »Serie« die Mitarbeiter des beliebten »ZDF-Magazins« von Gerhard Löwenthal, einem unheilvollen schwarzen Schatten gleich, verfolgen. Der nach allen Regeln der Wahrscheinlichkeitsrechnung unmögliche Tod des Reporters Rudolph Crisolli löste nämlich eine mysteriöse Serie von Todesfällen, schweren Erkrankungen und tragischen Unfällen bei den Mitarbeitern des ZDF aus. Diese schienen bis zum März 1973 – also volle drei Jahre lang! – wie unter einem sinistren Fluch zu stehen.

20. April 1970. Im badischen Brühl spielte der zweijährige Sohn des ZDF-Redakteurs Günter E. vor dem Elternhaus. Entgegen seinen Gewohnheiten entfernte sich der kleine Jan immer weiter von seinem üblichen Spielplatz und geriet auf die Straße. Als die besorgten Eltern nach ihrem Sprössling sehen wollten, vernahmen sie das Quietschen von Bremsen und einen dumpfen Knall. Hinter einer Kurve lag ihr kleiner Sohn unter einem Auto. Den Aufprall hatte er nicht überlebt.

Am 12. Juni 1970 kam die Sekretärin des Moderators Fritz S. nicht in die Arbeit. Ihr Mann war nach kurzer Krankheit in der Nacht zuvor völlig überraschend an Krebs gestorben. Er war zum Zeitpunkt seines Todes erst 25 Jahre alt.

17. Dezember 1970. Während einer Dienstfahrt mit dem eigenen Wagen erlitt ZDF-Redakteur Dr. Günter Sch. bei Glatteis einen schweren Unfall. Sein Wagen wurde vollkommen demoliert, er selbst kam zum Glück mit dem Schrecken davon.

Nach zwei Fehlgeburten erwartete die junge Frau des ZDF-Redakteurs Ekkehard K. am 27. Juli 1971 ihr erstes Kind. Unerwartet stellten sich Komplikationen ein, und die Ärzte mussten eine Saugglocke zu Hilfe nehmen. Zuerst schien es, als würde nun alles glatt gehen, als die junge Mutter den ersten Schrei ihres Neugeborenen vernahm. Sekunden später war sie tot, einer tückischen Luftembolie erlegen.

August 1971. Die Frau des ZDF-Redakteurs Dr. S. fuhr im Regen über die Autobahn zwischen Köln und Düsseldorf.

Um ja kein Risiko einzugehen, fuhr sie kaum schneller als 80 Stundenkilometer, als auf einmal vor ihr ein anderer Wagen ins Schleudern geriet – Aquaplaning. Frau S. konnte nicht mehr bremsen. Glück im Unglück: Trotz eines Totalschadens wurde sie nur leicht verletzt. Doch nur wenige Monate später war auch ihr Mann an der Reihe. Bei einer Röntgen-Reihenuntersuchung für alle Mitarbeiter des Senders im Dezember 1971 fanden die Ärzte einen Schatten auf der Lunge des Redakteurs. Die darauf folgende klinische Untersuchung erhärtete die Diagnose: Dr. S. war an Tuberkulose erkrankt. Eine gefährliche Infektionskrankheit, die man in Deutschland längst ausgerottet wähnte.

Schwärzester Tag

Die folgenden Monate vergingen, ohne dass etwas geschah. Es sah so aus, als wäre die Unglücksserie abgeklungen. Beinahe in Vergessenheit geraten, schlug sie umso härter zu.

Am 10. September 1972 begann für ZDF-Reporter Dieter Riwola an Bord des Passagierschiffes »Bremen« eine Seereise nach New York, um einen Film zum Thema »Vom Blauen Band zur roten Zahl« zu produzieren. Als er um 19.00 Uhr am Tisch des Kapitäns beim Nachtessen saß, wurde er plötzlich aufgerufen, in den Funkraum des Schiffes zu kommen. Eine böse Ahnung beschlich ihn. Am Telefon war ein Kollege aus dem Sender, der ihm die schreckliche Nachricht brachte, dass seine zehnjährige Tochter beim Grillen schwere Verbrennungen erlitten hatte.

Mit einem Schnellboot, das der »Bremen« in Höhe der südenglischen Insel Wight entgegenfuhr, verließ der ZDF-

Reporter den Luxusliner und landete in Southampton, von wo aus ihn ein Wagen in halsbrecherischer Fahrt zum Londoner Flughafen Heathrow brachte. Dort erreichte er gerade noch die Maschine nach Frankfurt, von wo ihn ein Wagen des ZDF zu seiner schwer verletzten Tochter ins Krankenhaus brachte.

Die Ärzte fürchteten, dass die zehnjährige Katharina ihr Augenlicht verlieren würde, so schwere Verbrennungen hatte diese im Gesicht erlitten. Doch nach zehn Tagen konnte sie die Augen wieder öffnen und erkannte ihre am Krankenbett stehenden, erleichterten Eltern.

Bis zu jenem Zeitpunkt im September 1972 hatte das »Schicksal« acht Mal zugeschlagen. Und immer wieder traf es Mitarbeiter des »ZDF-Magazins« des Zweiten Deutschen Fernsehens. Bald wurden sogar hartgesottene Reporter und Redakteure nervös, und ihre Scherze über die Unglücksserie klangen immer verkrampfter, bis sie schließlich zur Gänze verstummten.

Am 7. Dezember 1972 traf es den Moderator Gerhard Löwenthal selbst. Als er am späten Abend dieses Tages sein Stammlokal in der Wiesbadener Altstadt verließ, trat ihm wortlos ein Student entgegen und verpasste ihm eine schallende Ohrfeige. Nicht mehr und nicht weniger – doch dieser Gewaltakt brachte dem ZDF-Star Ärger ein, als die Sache später vor Gericht kam.

Weihnachten 1972. Die Redaktion des »ZDF-Magazins« feierte mit einem kleinen Umtrunk, doch weihnachtliche Stimmung wollte partout nicht aufkommen. Denn alle Gespräche landeten doch immer wieder bei der seit dem September wiederbelebten Unglücksserie. »Wer wird wohl der Nächste sein?«, fragte Löwenthals Sekretärin und blickte besorgt in die Runde.

Nur wenige Tage später wusste sie es ganz genau. Am 26. Dezember 1972 unternahm sie mit ihrer Tochter einen Spaziergang. Unterwegs wurde ihr auf einmal unwohl, und so kehrten die beiden wieder nach Hause zurück. Löwenthals Sekretärin legte sich auf die Couch, doch als sie eine Stunde später wieder versuchte aufzustehen, versagten ihre Glieder. Sie war mit einem Mal halbseitig gelähmt und konnte nicht mehr sprechen. Der sofort herbeigerufene Notarzt stellte einen Hirninfarkt fest.

Dann kam jener schicksalhafte 17. März 1973, welcher sich als schwärzester Tag für die Redaktion des ZDF-Magazins erweisen sollte. Am Morgen beging ein Redakteur Selbstmord, nachdem bei ihm tags zuvor sein Arzt eine schwere Krebserkrankung diagnostiziert hatte. Und zwei weitere Redakteure verunglückten gleichentags mit dem Wagen so schwer, dass einer von ihnen mehrere Tage lang ohne Bewusstsein im Krankenhaus lag.

Überlebt haben den Unfall beide. Doch die ebenso mysteriöse wie tragische Unglückssträhne, die in der Zeit vom 22. Februar 1970 bis zum 17. März 1973 kaum einen Mitarbeiter des ZDF-Magazins verschonte, hatte reichlich Tribut gefordert: fünf Todesfälle, zwei lebensgefährliche Erkrankungen sowie fünf schwere Unfälle. Danach hörte die unheimliche Serie endlich auf.[23]

Der Fluch des alten Shawnee

Eine noch weit unheimlichere Serie, die sich zudem über einen ungleich längeren Zeitraum erstreckte, betrifft die unnatürlichen Tode mehrerer amerikanischer Präsidenten. Hier überhaupt noch das Wort »Zufall« in den Mund zu nehmen, hieße in beispielloser Ignoranz über alle Fakten hinwegzusehen. Die kann man nämlich in jedem Lexikon nachschlagen.

Das ominöse Geschehen nahm seinen Anfang im »Wilden Westen« der Vereinigten Staaten in den 30er-Jahren des 19. Jahrhunderts. Ein Häuptling der zu den Algonkin zählenden Shawnee wurde während des Kampfes gegen die Soldaten des damaligen Gouverneurs von Indiana, William Henry Harrison, getötet. Bei diesen Kämpfen ging es noch Mann gegen Mann, wobei die Mehrzahl der Grausamkeiten eindeutig von den Weißen verübt wurde.

Besagter Shawnee-Häuptling beschwor in seinen letzten Zügen Ungeheuerliches. Er prophezeite den vorzeitigen und unnatürlichen Tod aller Präsidenten der Vereinigten Staaten, die in einem Jahr gewählt werden, welches mit einer Null endet. Sprachs und schloss für immer die Augen.

Wenige Jahre später – man schrieb 1840 – wurde William Henry Harrison als neunter Präsident der USA gewählt und zog ins Weiße Haus in Washington ein. An ihm sollte sich der unheimliche Fluch seines einstmaligen Gegners zum ersten Mal erfüllen. Er starb nämlich lange vor Beendigung seiner Amtszeit. Und von da an wiederholte sich das prophezeite Schicksal mit einer geradezu unheimlichen Präzision: Es schlug alle 20 Jahre zu. Bis heute hat diese Serie unglaublicher Koinzidenzen die folgenden Opfer gefordert:

– William Henry Harrison, gewählt im Jahr 1840. Dieser regierte nur einen Monat lang, dann starb er unter bis heute nicht geklärten Umständen im Weißen Haus.
– Abraham Lincoln, gewählt 1860. Er wurde von John W. Booth am 14. April 1865 während einer Vorstellung im »Ford's Theatre« in Washington erschossen.

– James A. Garfield. Er wurde 1880 zum Präsidenten gewählt und starb im September 1881 an den Folgen eines Attentates, verübt durch einen gewissen Charles J. Guiteau.
– Präsident William McKinley wurde im Jahr 1900 wiedergewählt. Dessen Leben setzte ein Anarchist in Buffalo, im Bundesstaat New York, im September 1901 ein Ende.
– Warren G. Harding wurde 1920 zum 29. Präsidenten gewählt. Er starb am 2. August 1923, nachdem er gerade einmal die Hälfte seiner Amtszeit hinter sich gebracht hatte.
– Franklin D. Roosevelt, wiedergewählt 1940. Er brachte es auf Grund dreimaliger Wiederwahl auf die längste Amtszeit aller amerikanischer Präsidenten, verstarb jedoch, bevor er seine vierte Amtsperiode beenden konnte.
– John F. Kennedy, der 1960 als Kandidat der Demokraten sowie als jüngster Präsident der USA gewählt wurde. JFK fiel aller Wahrscheinlichkeit nach einer Verschwörung zum Opfer, in die höchste Behörden des Landes verwickelt waren.[24,25]

Auf den ehemaligen Präsidenten Ronald Reagan, der im Jahre 1980 gewählt wurde und – wie üblich – sein Amt Anfang des Folgejahres antrat, wurde gleichfalls ein Anschlag verübt. Reagan überlebte jedoch den Anschlag vom März 1981 und verstarb erst am 5. Juni 2004. War somit der von dem alten Shawnee ausgesprochene Fluch, abgeschwächt oder sogar gebrochen, nach 140 Jahren endlich wirkungslos geworden?

Es macht tatsächlich den Eindruck, als hätte diese unglaubliche Synchronizität der Ereignisse, um mit C. G. Jung zu sprechen, gewissermaßen ihr »Verfallsdatum« erreicht. Denn der nächste »Kandidat« auf dieser sinistren Liste wäre George W. Bush jun. geworden. Dieser wurde im November 2000 – allerdings nicht unumstritten – zum 43. Präsidenten der USA gewählt und vier Jahre später, 2004, wiedergewählt. Obgleich er inzwischen von mehr als der Hälfte der Amerikaner abgelehnt wird und aufgrund seiner Kriegsambitionen in Afghanistan sowie im Irak der mit Sicherheit unbeliebteste Präsident der »letzten Supermacht« ist, blieb er von der unheimlichen Bedrohung bislang verschont.

Neues von Tut-anch-Amun

Die Serie der unheimlichen Präsidententode dürfte damit zum Ende gekommen sein. Was bleibt, ist ein nach den Gesetzen der Wahrscheinlichkeitsrechnung *vollkommen unmögliches*, jedoch historisch einwandfrei dokumentiertes Phänomen. Welches uns einmal mehr vor der Frage erschauern lässt, welch mysteriöse Kraft in diesem Universum dafür verantwortlich ist, dass die Dinge so geschehen, wie sie geschehen. Eine intelligente Kraft, gepaart mit viel Sinn für einen reichlich makabren Humor?

Großes Ehrenwort: Kein einziges Wort hätte ich über den berüchtigten »Fluch des Pharaos« Tut-anch-Amun verloren, der von 1319 bis 1309 v. Chr. regierte. Meere von Druckerschwärze haben sich bereits über dieses Mysterium ergossen. Doch nun gibt es brandneue Details zu dieser hochominösen Geschichte, und diese möchte ich meinen Lesern nicht vorenthalten.

War es ein Unfall oder gar Meuchelmord, dem der Nachfolger Echnatons auf dem Thron des altägyptischen Reiches mit erst 18 Jahren zum Opfer fiel? Um diese Kardinalfrage der Archäologie endlich ihrer Klärung näher zu bringen, veranlasste man eine Computer-Tomographie. So holten Ägyptologen unter der Leitung von Dr. Zahi Hawass, dem medienerprobten Leiter der ägyptischen Altertümerverwaltung, im Dunkel der Nacht vom 6. auf den 7. Januar 2005 die Mumie Tut-anch-Amuns aus dessen Sarkophag. Das taten sie mit sehr viel Vorsicht und noch mehr Unbehagen. In Archäologenkreisen wird nach wie vor über jene geheimnisumwobene Todesserie gemunkelt, die seit Entdeckung des Mumienschreines im Jahre 1922 durch Howard Carter ungezählte Beteiligte dahingerafft hatte.

Würde also wieder etwas passieren, oder beruhte all das nur auf Einbildung oder »Zufällen«?

Vor laufenden Kameras gestand Dr. Zahi Hawass am 7. Januar 2005 ein, dass es bei der Aktion »nicht ganz mit rechten Dingen zugegangen« sei. Das Archäologenteam entging auf der Fahrt zum Tal der Könige nur denkbar knapp einem Autounfall. Und als der Leichnam zu einem Lastwagen gebracht wurde, hub ein unerwarteter Sandsturm an. Danach begann es zu regnen, was in Oberägypten eher eine Seltenheit ist. Schließlich versagten der Computer-Tomograph sowie die anderen Röntgenapparate aus unergründlichen Ursachen für mehr als zwei Stunden ihren Dienst.

Dr. Hawass kommentierte die Vorfälle mit den Worten: »Jetzt hält uns der Fluch des Tut-anch-Amun weiter in Atem!«[26,27]

Ein Sarg Kurs Heimat

Auf hoher See befindet man sich in der Hand Gottes und des Kapitäns, sagen die Seeleute, und die müssen es eigentlich wissen. Und, so möchte ich hinzufügen, auch in der Hand oft haarsträubender Serien unglaublicher Koinzidenzen. Die dem unvoreingenommenen Beobachter die Schlussfolgerung geradezu aufdrängen, dass deren Ursache eine höchst intelligent agierende Kraft sein *muss*. Man stößt an Grenzen, hinter welchen »natürliche Erklärungen« nicht mehr greifen.

Im November des Jahres 1933 versank der Frachter »S. S. Saxilby« auf der Fahrt von Neufundland nach dem walisischen Hafen Port Talbot mit Mann und Maus. Unter den Opfern war ein Matrose mit Namen Joe Okane, der aus dem gleichfalls in Wales gelegenen Küstenstädtchen Aberavon stammte.

Kaum mehr als zwei Jahre nach jener tragischen Katastrophe, die keiner an Bord der S. S. Saxilby überlebt hatte, trieb eine Kakaobüchse an der Küste von Wales an. Sie enthielt eine handgeschriebene Nachricht: »S. S. Saxilby sinkt, irgendwo vor der irischen Küste. Grüße an meine Schwester, an meine Brüder und an Dinah. J. O.«[28]

Der Absender dieser Post war – man ahnt es sicher – niemand anderer als besagter Matrose Joe Okane. Die Nachricht war auch an seine Angehörigen adressiert und landete, nicht einmal eine Meile von seinem Elternhaus entfernt, an heimatlichen Gestaden. Doch mitunter reicht der lange Arm dessen, was wir keinesfalls mehr als »Zufall« bezeichnen sollten, noch ungleich weiter auf den Meeren dieser Welt.

Als Sergeant Wallace C. Stich von der U. S.-Marine während des Zweiten Weltkrieges im südwestlichen Pazifik stationiert war, gab er eine Holzkiste als Schiffsfracht für seine Frau in Fairmont (North Carolina) auf. Die Kiste enthielt die Armbanduhr des Marinesoldaten, eine erbeutete japanische Flagge aus Seide, an die einhundert persönliche Briefe sowie eine Taschenbibel. Es konnte nie geklärt werden, wie diese Kiste von den anderen Sendungen getrennt wurde, aber ganz offenbar sank das Schiff, das nach den Vereinigten Staaten unterwegs war.

Monate später, am 6. März 1946, fand ein Werftarbeiter die Kiste, die zwei Meilen südlich von Wilmington in North Carolina und etwa 100 Meilen von Stichs Heimatort Fairmont entfernt angeschwemmt worden war. Der Arbeiter übergab sie den örtlichen Behörden. Als Sergeant Stich am 30. März in Camp Lejeune in North Carolina eintraf, erwartete ihn dort schon seine Holzkiste. Sie hatte den halben Pazifik überquert, war um die südliche Spitze Feuerlands – das berüchtigte Kap Hoorn – getrieben, um über den Atlantischen Ozean in nördlicher Richtung zu dümpeln und letztendlich wohlbehalten an der Ostküste der Vereinigten Staaten anzulanden.[28]

Noch »abgefahrener« klingt die Geschichte der einzigartigen Odyssee einer weiteren »Kiste« – die mit den sterblichen Überresten eines Menschen auf Heimatkurs ging.

Charles Francis Coghlan wurde 1841 auf Prince Edward Island nördlich von Nova Scotia im Osten Kanadas geboren. Bereits als Junge konnte er seine außergewöhnliche schauspielerische Begabung nicht verbergen. Im Jahre 1860 trat er dann erstmalig auf der Bühne eines Londoner Theaters auf. Die folgenden Jahre brachten ihm internationale Anerkennung als Schauspieler. Coghlan war einer der besten Shakespeare-Interpreten seiner Zeit. In Amerika galt er als Spitzendarsteller und gab mit einer eigenen Theatergruppe Gastspiele im ganzen Land.

Doch Prince Edward Island blieb Zeit seines Lebens die wahre Heimat des Künstlers. Sein Impresario, Sir Johnston Forbes-Robertson, berichtete in seinem Buch »Schauspieler unter drei Regierungen«, wie er Coghlan, der mehrere Jahre vor seinem Tod wieder auf der Insel lebte, noch einmal in

London die Hauptrolle in einem Drama von Shakespeare vermittelt hatte.

Jene Leute, denen die Bretter der Bühnen die Welt bedeuten, verspüren einen unsäglichen Drang zu einem nomadisierenden Leben. Also ging Coghlan 1899 wieder auf Tournee. In Galveston, einer texanischen Küstenstadt am Golf von Mexiko, in der er gerade gastierte, starb er nach kurzer Krankheit überraschend am 27. November 1899. Sein schlichter Holzsarg wurde auf dem dortigen Friedhof in einer Gruft aus Granit beigesetzt.

Ein knappes Jahr später, am 8. September 1900, tobte ein gewaltiger Hurrikan über Galveston hinweg. An die 6000 Menschen, ungefähr ein Sechstel der gesamten Bevölkerung der Stadt, fielen der Naturkatastrophe zum Opfer. Der wütende Sturm zertrümmerte 4000 Gebäude, und der Sachschaden belief sich auf die damals unvorstellbare Summe von 30 Millionen US-Dollar.

Die Fluten überschwemmten auch den Friedhof von Galveston, zerstörten die Gruften und legten deren Inhalte frei. Kürzlich Verstorbene und längst Beerdigte bildeten ein grausiges Durcheinander, und viele der Särge trieben auf den Golf von Mexiko, wo sie sich in alle Richtungen zerstreuten.

Als die Zerstörungswut des Hurrikans gebrochen war, erfasste eine Welle den Sarg von Charles Coghlan und lenkte ihn in südöstlicher Richtung. Dort erfassten ihn die Strömungen der Westindischen Inseln und führten ihn dem Golfstrom zu, in welchem er um die Spitze Floridas herum und dann auf dem Atlantischen Ozean nach Norden schwamm. Der Golfstrom fließt recht schnell, er legt täglich bis über 200 Kilometer zurück. Wahrscheinlich riss er den Sarg des Schauspielers mit bis in die Nähe von Neufundland, wo er dann durch einen neuerlichen Sturm wieder aus der Strömung herausgeschleudert wurde.

Nachdem der Golfstrom ihn freigegeben hatte, trieb der Sarg offenbar ziellos vor der Küste Ost-Kanadas, wo er wie ein Ball den unbeständigen Winden und Wellen ausgesetzt war. Dies musste mehrere Jahre so dahingegangen sein.

Im Oktober 1908 fuhren mehrere Fischer der Prinz-Edward-Insel hinaus, um ihre Netze im St.-Lorenz-Golf auszulegen. Dabei fiel ihnen eine große Kiste auf, die flach auf dem Wasser dümpelte und langsam in Richtung Küste trieb. Da diese Kiste über und über mit Entenmuscheln und anderem Schalengetier überzogen war, musste sie lange Zeit im Wasser gelegen haben.

Die Fischer machten sich dran, die dicke Muschelschicht abzukratzen, um eine vermeintliche Schatzkiste in Besitz zu nehmen. Es kam jedoch ein Sarg zum Vorschein, welcher die Leiche eines Mannes in mittleren Jahren barg. Eine silberne Plakette am Deckel wies ihn als Charles Francis Coghlan aus, und dieser Name war auf der ganzen Insel wohlbekannt.[28]

Nur wenige Meilen weiter befand sich jenes Dorf, in dem der Schauspieler geboren und aufgewachsen war. Ganz in dessen Nähe stand auch sein Haus, in welchem er sich von seinen ausgedehnten Reisen und Tourneen zu erholen pflegte.

Die Bewohner der Insel sahen die »Heimkehr« ihres berühmtesten Mitbürgers als Wink des Schicksals an. Mit entsprechenden Ehrungen und Feierlichkeiten wurde Coghlan bei der Kirche, in der er auch getauft worden war, beigesetzt. War es tatsächlich nur »Zufall«, der Charles Francis Coghlan über die weglose See in dessen Heimat zurückgeführt hatte? Oder vielmehr jene mächtige und mysteriöse

Kraft, die darauf schließen lässt, dass rein gar nichts in unserem weiten Universum ohne einen tieferen Zusammenhang geschieht?

Ganz unglaubliche Wege

Könnte man eine Begebenheit wie diese, die an Unwahrscheinlichkeit wohl nicht zu übertreffen ist, noch toppen? Es klingt ohne Zweifel reichlich verwegen, aber die im Folgenden beschriebene Serie sinnvoller Koinzidenzen führt uns an den Rand dessen, was den Verstand selbst des leichtgläubigsten Zeitgenossen zu überfordern vermag. Und doch hat sich alles genau so abgespielt, wie es die zahlreichen Betroffenen erlebt haben …

Im Jahre 1829 geriet der Schoner »Mermaid« vor der Ostküste Australiens in einen schier apokalyptischen Orkan und lief auf ein Riff, wo er zerschellte. Matrosen und Passagiere sprangen todesmutig in die Fluten und fanden sich allesamt wohlbehalten bei Anbruch des folgenden Tages auf einem schmalen Strandstreifen wieder. Sie vermochten nicht viel mehr denn ihr nacktes Leben zu retten, doch für den Augenblick war dies ungleich mehr, als sie kurz zuvor noch erhoffen konnten.

Zwei Tage später sah der Mann im Ausguck des Dreimastschiffes »Swiftsure« die Schiffbrüchigen. Dies schien ihre Rettung. Doch fünf Tage darauf warf eine unbekannte Strömung den Segler auf ein Riff. Niemand wurde verletzt oder getötet, der Dreimaster jedoch war verloren.

Bereits wenige Stunden nach diesem zweiten Schiffsuntergang bemerkte die Besatzung des Segelschiffes »Governor

Ready«, was geschehen war; sie drehte bei und konnte alle Menschen retten. Auch dieses Glück war nur von kurzer Dauer, denn sechs Stunden später brach an Bord Feuer aus. Die Matrosen kämpften verzweifelt gegen die Flammen, das Feuer jedoch behielt die Oberhand und alle mussten in die Rettungsboote umsteigen. Weitab von den üblichen Schiffsrouten, außer Sichtweite der Küste und in den kleinen, zerbrechlichen Nussschalen auf hoher See waren sie daran, alle Hoffnung auf ihre Rettung zu verlieren. Die kam aber in Form des Küstenschiffes »Comet«, welches durch ein Unwetter von seinem Kurs abgekommen war, in ihrer Nähe kreuzte und die Schiffbrüchigen dreier Unglücke aufnahm.

Als die Geretteten an Bord der »Comet« ihre Geschichten zum Besten gaben, lief es allen eiseskalt über den Rücken. War ein »Jonas« an Bord, wollte der unermessliche Ozean *irgendjemanden um jeden Preis* haben? Was würde noch geschehen?

Fünf Tage später wurde die Frage beantwortet. Denn am vierten Tage nach der Rettung nahm der Orkan, der die »Comet« von ihrem Kurs gezwungen hatte, gewaltig zu. Der Großmast knickte wie ein Streichholz und ging über Bord, das Schiff schlug leck und Wasser drang ein. Von Entsetzen gepackt sprangen die abergläubischen Seebären in das einzige Rettungsboot, während die Geretteten der drei vorangegangenen Unglücke sehen mussten, wie sie sich über Wasser hielten.

Einmal mehr gab es, wie durch ein Wunder, keine Menschenleben zu beklagen. Eine Nacht sowie einen ganzen Tag trieben das Rettungsboot und eilig zusammengezimmerte Flöße auf dem Ozean, der von Haien nur so wimmelte. Schließlich wurden sie allesamt von einem anderen Segler, der »Jupiter«, aus den aufgepeitschten Wellen gefischt.

Es tut mir aufrichtig leid, aber ich möchte meine Leser ungern mit Wiederholungen auf die Folter spannen. Indes, es lässt sich hier leider nicht vermeiden. Man ahnt es vielleicht: Zwei Tage später zerbarst die Jupiter auf einer Klippe. Glücklicher Umstand bei dieser Havarie war, dass der Dampfer »City of Leeds« sich ganz in der Nähe befand. Der kam gerade noch rechtzeitig, um annähernd einhundert Schiffbrüchige an Bord zu nehmen. Alle waren trotz der vorangegangenen dramatischen Ereignisse in guter Verfassung. Darum kam der Schiffsarzt nicht in die Verlegenheit, jene ältere Dame zu vernachlässigen, welche ihn schon seit ein paar Tagen ziemlich in Anspruch genommen hatte. Deren Name war Sarah Richley, und sie war in der Hoffnung nach Australien gefahren, ihren seit nunmehr zehn Jahren verschollenen Sohn Peter wieder zu finden.

Auf der Seereise war die alte Dame sehr krank geworden – so krank, dass der Schiffsarzt sie bereits aufgegeben hatte. Schon im Delirium, verlangte sie, ihren Sohn wieder zu sehen. Der Arzt wollte ihr die letzten Stunden ein wenig erleichtern und suchte deshalb an Bord nach einem jungen Mann, der in etwa das Alter, Aussehen und die Gestalt ihres verschwundenen Sohnes hatte. Mrs. Richley hatte ihn während der langen Fahrt von London nach Australien in allen Einzelheiten beschrieben. Gott sei Dank musste der Bordarzt nicht allzu lange suchen, denn ein Mann, der den Untergang der »Mermaid« – des ersten Schiffs dieser unglaublichen Serie – überlebt hatte, erklärte sich bereit, die Rolle des verlorenen Sohnes zu spielen.

Der Schiffsarzt gab ihm kurz ein paar Instruktionen und erklärte, dass der Name der alten Dame Sarah Richley sei und diese aus der Grafschaft Yorkshire käme.

Weiter kam er nicht. Denn plötzlich wurde der junge Mann

im Gesicht kreidebleich und konnte nur mit Mühe stammeln, dass *er selbst* Peter Richley und die alte Dame seine Mutter sei.[29]

Übrigens erholte sich Mrs. Richley sehr schnell. Denn unbewusst hatte der Bordarzt das richtige Heilmittel für sie gefunden. Doch dass es fünf Schiffsuntergänge in Serie benötigte, um den Sohn auf den Dampfer zu bringen, darf man mit gutem Recht als Meisterleistung jener mysteriösen Kraft bezeichnen, welche »danach strebt, dem chaotischen menschlichen Leben ihre eigene Ordnung aufzuerlegen«.

Sind wir nur Bauern in einem überdimensionalen Schachspiel? Wer oder was ist dann für die Züge verantwortlich? Wird es uns gelingen, jenen »roten Faden« zu erkennen und aufzunehmen, der sich derweilen noch in einem Gordischen Knoten aus Rätseln und Irrealitäten verwickelt hat?

Und Hand aufs Herz: Würden Sie nach all diesen unglaublichen Fakten und Vorfällen noch einmal das Wort »Zufälle« leichtfertig in den Mund nehmen?

3 Wenn Gedanken sichtbar werden
Alternative Realitäten nehmen Gestalt an

»They give us those nice bright colors,
they give us the greens of summers,
makes you think all the world's a sunny day.
I got a Nikon Camera, I love to take a photograph,
so Mama don't take my Kodachrome away.«

Paul Simon, »Kodachrome« (1971)

Für gewöhnlich sind wir davon überzeugt, dass jene Dinge und Situationen, die wir mit dem Fotoapparat für die Nachwelt aufzunehmen versuchen, auch auf den von uns gemachten Fotografien erscheinen. Nicht mehr und nicht weniger. Alles andere wäre in unseren Augen – je nach weltanschaulicher Sicht – Hexerei oder zumindest Grund genug, zum Zweck einer Reklamation das Fotogeschäft aufzusuchen.

Umso mehr muss es für den »gesunden Menschenverstand« vollkommen grotesk erscheinen, was dem Amerikaner Ted Serios sowie einer kleinen Anzahl anderer Zeitgenossen gelungen ist. Serios war fähig, Bilder auf Polaroidfilmen zu erzeugen, indem er mit intensiver Konzentration in die Linse der Apparate starrte. So geschehen vor nunmehr bald 40 Jahren im »Land der unbegrenzten Möglichkeiten«.

Diese seine Begabung, »Gedankenfotos« zu produzieren, wirkte anfangs so absurd, dass selbst hartgesottene Parapsychologen es nicht wagten, sich offiziell mit ihm zu beschäftigen. Trotz absoluter Skepsis machte sich jedoch Dr. Jule Eisenbud, seinerzeit Professor für Psychoanalyse an der Universität von Denver (Colorado) daran, sich jenes ebenso unglaubhafte wie staunenswerte Phänomen persönlich demonstrieren zu lassen.

Getreu der wissenschaftlichen Maxime, dass auch Vorgänge und Phänomene, die mit unserem gültigen Weltbild nicht in Einklang zu bringen sind, vor unabhängigen Zeugen beliebig wiederholbar sein müssen. So sollte es zumindest sein.

So traf er sich mit besagtem Ted Serios, einem kettenrauchenden und alkoholabhängigen ehemaligen Hotelpagen, erstmals am 3. April 1964 im »Palmer House« in Chicago. An jenem Tag ahnte Dr. Eisenbud ganz gewiss noch nicht, dass hieraus eine sich über drei Jahre erstreckende Zusammenarbeit werden sollte, in deren Verlauf er seine anfängliche Ablehnung völlig über den Haufen werfen sollte.

Da er in der absoluten Gewissheit nach Chicago gekommen war, irgendeinen ausgemachten Schwindel zu erleben, setzte er alles daran, es dem Mann nicht einfach zu machen. Deshalb brachte er selbst die Filme mit, welche er originalverpackt gekauft hatte. Er zog einen dieser Filme aus dem versiegelten Behälter und steckte ihn in seine gleichfalls mitgebrachte Polaroid-Kamera, die er nicht einen Moment aus den Augen gelassen hatte. Jeden Augenblick darauf gefasst, einem raffinierten Betrugsmanöver auf die Schliche zu kommen, konzentrierte er sich auf sein Gegenüber. Serios schien ebenfalls äußerst konzentriert und verzog dabei das Gesicht zu Grimassen, stöhnte und schien regelrecht zu leiden.

Dann gab er die Anweisung, die auf sein Gesicht gerichtete Polaroid auszulösen. Kaum war der eingebaute Blitz aufgeflammt, nahm Dr. Eisenbud das Gerät und zog das Foto heraus. Nach wenigen Minuten war die Überraschung perfekt: Es zeigte keineswegs das verzerrte Gesicht von Ted Serios, sondern ließ vielmehr ein Gebäude erkennen!

Dr. Eisenbuds vorgefasste Meinung, es hier mit Betrug zu tun zu haben, erlitt eine deutliche Schlagseite. Also beschloss er, die unheimliche Begabung jenes kleingewachsenen Mannes aus Illinois auf Herz und Nieren zu prüfen, und lud ihn zu sich nach Denver ein. Wenige Monate später begannen sie mit ausgedehnten Testreihen, die volle drei Jahre andauern sollten. Dabei waren ständig Wissenschaftler als unbestechliche Zeugen eingeladen: Physiker, Psychologen und Psychiater, ebenso Optiker und Fernsehteams. Unter ihrer strengen Aufsicht wurden unzählige Filme entwickelt. Filme, auf welchen immer wieder die unerwartetsten Dinge auftauchten: Straßen und Häuser, der Pariser Eiffelturm sowie die Türme der Münchner Frauenkirche, selbst ein Satellit in seiner Umlaufbahn um die Erde.

Entlarvung der Entlarver

Meist handelte es sich, wie man feststellen konnte, um Bilder oder Szenarien, welche Serios kannte – die dieser entweder selbst erlebt oder nur in Zeitungen und Magazinen gesehen hatte. Manchmal aber waren es auch Eindrücke, die er Jahre vorher unbewusst aufgenommen hatte, an die er sich aber nicht mehr erinnern konnte. Fachleute sprechen hier von *Kryptomnesie*.

An der Universität von Denver entstanden so unter strenger Kontrolle durch denkbar skeptische Zeugen Hunderte solcher »fotografierter Gedanken«. Die Qualität jener Fotos war recht unterschiedlich: Mitunter erschienen nur verschwommene Umrisse, bei denen spekuliert werden musste, was sie überhaupt darstellen *könnten*. In anderen Fällen vermochte man beinahe gestochen scharfe Bilder gewissermaßen am laufenden Band zu produzieren.

Aber wie kamen diese zustande?

Mehr als zwanzig Experten haben den ehemaligen Hotelbediensteten bei dessen Gedankenfotografien gnadenlos überwacht. Anfänglich erregte ein aus Pappe gefertigtes Röllchen, das Serios »Gismo« nannte, den Verdacht, dass hier gemogelt würde. Nach seinen eigenen Worten wollte Serios damit verhindern, dass seine Hände die Linse verdeckten. Aber ebenso, dass von der Seite her Licht eindringt.[11,30]

Der professionelle Zauberkünstler und Entlarver James Randi glaubte denn auch, damit des Rätsels einfache Lösung gefunden zu haben. Er mutmaßte, Serios bediente sich einer kleinen Lupe mit etwa zwölf Millimeter Durchmesser und 40 Millimeter Brennweite. Diese hätte sich an einem Ende einer etwa vier Zentimeter langen Pappröhre befunden, während am gegenüberliegenden Ende ein kreisrunder Ausschnitt eines farbigen Dias aufgeklebt gewesen wäre. In einer Papierrolle ließe sich solch ein Hilfsmittel ohne große Probleme verbergen.

Hielte man nun jenes »Gismo« vor die Linse einer auf unendlich eingestellten Polaroid-Kamera, so würde das Dia-Bild beim Belichten auf dem Film reproduziert. Hernach, so Randi, könnte man das Pappröhrchen einfach aus der Papierrolle rutschen lassen, um es später unbemerkt zu entsorgen.[31]

Doch hier hat sich der Entlarver quasi selbst entlarvt! Eine solche »Erklärung« mag sich in der Theorie ja ganz gescheit anhören. Aber in der Praxis, bei Hunderten von Versuchen unter den gestrengen Augen akademisch geschulter Zeugen, die nur darauf warten, dass geschummelt wird?

Keiner der Experten, weder Dr. Eisenbud selbst noch all die geladenen Wissenschaftler, vermochten im Laufe der Testreihen auch nur einen Hinweis auf Betrug zu finden. Außerdem gelangen sogar häufig Aufnahmen, die Serios ohne Zuhilfenahme des »Gismo« anfertigte. Die Versuche wurden mit der

Zeit immer schwieriger gestaltet. Zu guter Letzt erzielte man sogar Bilder mit Hilfe von Kameras, bei denen die ganze Optik abgeschraubt war, und solchen, die sich in einer Entfernung von bis zu 20 Metern von Ted Serios befanden.

»Air Division Cainadain Moun«

Doktor Eisenbud ging sogar einen Schritt weiter. Er schloss Serios in einen Faraday'schen Käfig ein – das ist ein allseits geschlossenes Gitter aus Metalldraht, das gegen jegliche elektrische Wellen abschirmt –, während die Kamera draußen blieb. Auf dem Film tauchten trotzdem Bilder auf. Und es gelangen sogar dann Gedankenfotos, wenn Ted durch eine Wand aus Bleiglas von dem Fotoapparat getrennt war, wie diese als Strahlenschutz in Röntgenlabors verwendet wird.[32]

Gegen jegliche Art von Schwindel sprechen zudem einige sehr merkwürdige Eigenheiten etlicher Gedankenfotografien. So waren beispielsweise auf einem Foto zwei Etagen eines Gebäudes nebst einer zwar etwas unscharfen, jedoch gerade noch entzifferbaren Beschriftung zu erkennen. Das Bild konnte von der »Royal Canadian Mounted Police« als einer ihrer Air Division Hangars identifiziert werden. Doch das Gedankenfoto enthielt ein paar grobe Schreibfehler. Anstatt wie im Original »Air Division Royal Canadian Mounted Police« war auf dem Serios-Foto »Air Division Cainadain Moun« zu erkennen.

Diese doch recht auffällige fehlerhafte Abweichung ist wohl schwerlich durch einen Trick zu erklären. Hätte Serios eingeschmuggelte Mikrofotos verwendet, so hätte er doch zuallererst die originale Beschriftung des Zielobjekts verfälschen müssen. Ein anderes Foto zeigt einen Laden in Central City im amerikanischen Bundesstaat Colorado, der damals unter der Bezeichnung »Old Wells Fargo Express« firmierte. Auf dem Gedankenfoto aber ist der Name »The Old Gold Store« zu erkennen, den es etliche Jahre zuvor getragen hatte, von dem allerdings, soweit bekannt ist, keine Fotografie existierte.[30]

Derartige für Serios charakteristische »Fehler« scheinen zu beweisen, dass die Fotos des ehemaligen Hotelpagen aus Illinois tatsächlich dessen Gedanken ablichten. Schreib- und Lesefehler natürlich inbegriffen. Dass dadurch ein weiteres Mal all jenes, was wir mit der Bezeichnung »Realität« zu definieren versuchen, völlig den Boden unter den Füßen verliert, versteht sich nebenbei von selbst.

Einer der seinerzeit als wissenschaftliche Zeugen geladenen Experten hat den Boden nicht unter den Füßen verloren, kann in diesem Fall sogar mit einer recht plausiblen Erklärung aufwarten. Dr. Heinz C. Berendt, in jenen Jahren Vorsitzender der Israelischen Parapsychologischen Gesellschaft, hatte sich folgenden »Reim« auf die »Sofortbilder des Geistes« gemacht:

»Damit eine Schwarz-Weiß-Fotografie entstehen konnte, musste sich diese vorher einheitliche Schicht chemischen licht- oder strahlenempfindlichen Materials geändert haben, das heißt, dass bestimmte Stellen so ›exponiert‹ wurden, wie wenn Licht- oder Röntgenstrahlen auf sie gewirkt hätten. Diese Bestrahlung hat zu mikrochemisch-physikalischen Veränderungen geführt, die, im Entwicklungsprozess verstärkt, schließlich erkennbare Abbildungen zur Folge hatten.

Die Ausstrahlung erfolgte hier nicht von einem äußeren Objekt, sondern von einer offenbar aus der Persönlichkeit Ted Serios' sozusagen ›austretenden Projektion‹ eines inneren Bildes – mit anderen Worten: aufgrund eines psychokinetischen Vorganges. Bei dieser Deutung der mikrophysikalisch-chemischen Veränderung hört unser Versuch der Erklärung auf.«[33]

Es klingt ehrlich, wenn sich Wissenschaftler auch einmal an unkonventionellere Erklärungsmodelle heranwagen, anstatt immer nur tradierte Lehrmeinungen zu bedienen.

Welche Farbe hat unser Himmel?

An dieser Stelle erlaube ich mir einen kurzen Abschweif ins Philosophische. Eine auf den ersten Blick so simple Frage wie »welche Farbe hat unser Himmel?« zeigt bei näherer Betrachtung unerwartete Tücken. Nun, welche Farbe hat er? Ist er blau? Wir sehen ihn so. Aber bereits ein vergleichsweise unspektakuläres Mitgeschöpf wie eine Biene sieht ihn durch ihre Facettenaugen *rosarot*. Ein Farbenblinder sieht ihn wiederum *grau*. Nun leuchtet für uns der Himmel (zumindest an heiteren Tagen) nur darum so blau, weil unsere Augen nur eine ganz bestimmte Wellenlänge des Sonnenlichtspektrums absorbieren. Die Biene dagegen absorbiert eine andere Wellenlänge, der Farbenblinde eine gänzlich andere. Wer also sieht den Himmel *richtig*? Wir? Die Biene? Der Farbenblinde? Oder gar *jemand ganz anderes*?

Wer will angesichts so banaler Erkenntnisse, die überraschend Tiefgang zeigen, noch behaupten zu wissen, was denn überhaupt *real* ist und was nicht? Wir vermögen ja nicht einmal mit hinreichender Gewissheit zu sagen, ob unser Mitmensch gleiches sieht wie wir, wenn wir auf denselben Gegenstand oder dasselbe Szenario blicken. Zu weit hergeholt, glauben Sie? Jeder Kriminalbeamte, welcher sich mit mehr als einer Zeugenaussage, beispielsweise zu einem Banküberfall, konfrontiert sieht, weiß ein schmerzerfülltes Lied davon zu singen. Die menschliche Wahrnehmungsfähigkeit kann man in toto leider nur als äußerst unzureichend charakterisieren.

Kehren wir also einigermaßen geläutert von dieser Exkursion zu unseren Phänomenen sichtbar gewordener Gedanken zurück. Die unglaubliche Fähigkeit des Ted Serios gehört heute der Vergangenheit an, denn nach drei strapaziösen Jahren intensiver Versuchsreihen wollten ihm nach 1967 keine Gedankenfotos mehr gelingen. Leicht möglich, dass auch derlei Künste einer Abnutzung durch übermäßigen Gebrauch unterliegen.

War diese seine Befähigung auch selten, so war sie zweifellos nicht eben einmalig. Um das Jahr 1910 begann im fernen Japan bereits ein Gelehrter auf diesem Gebiet zu experimentieren. Es war Professor Tomokichi Fukurai (1869–1952) von der Kaiserlichen Universität in Tokio, Japans Pionier auf dem Gebiet der Parapsychologie. Als Versuchspersonen nahm er häufig die Frauen seiner Kollegen. Ungewöhnlich bei seinen Experimenten war, dass er ursprünglich keine Kamera benutzte, sondern nur »lichtdicht« verpackte Platten, welche er entweder selbst hielt oder seinen Probanden in die Hände drückte.

Aufsehen erregende Resultate erzielte Professor Fukurai 1911 mit einer Frau namens Ikuro Nagao. Nachdem jene sich eine halbe Minute auf die Platte konzentriert hatte, erschienen – nach Entwicklung der besagten Fotoplatte – mit japanischen Schriftzeichen die Worte »myo ho« (s. auch im Bildteil). Bei Demonstrationen, die er später vor Tausenden Zuschauern gab, durften diese wählen, was auf den Platten erscheinen sollte. Dabei kam es einmal tatsächlich auf Wunsch zu einem, wenn auch reichlich verschwommenen Bild des Schlosses von Ogaki auf der Insel Honshu. Die wenigen erhaltenen Fotos lassen frappierende Ähnlichkeiten mit den Bildern von Ted Serios erkennen, was deren sehr improvisiert wirkenden Eindruck betrifft.[32]

Unglücklicherweise war es Professor Fukurai nicht vergönnt, seine Experimente in Tokio unbehelligt fortzuführen. Denn die Kaiserliche Universität entzog ihm – in völligem Unverständnis seiner Leistungen – das Lehramt. Ganz offensichtlich hielt man seine Versuche an höherer Stelle für »Hokuspokus«. Ein Schicksal, das Tomokichi Fukurai mit nicht wenigen unkonventionellen Berufskollegen teilte.

In den 1970er- und 1980er-Jahren entdeckten die Brüder Fred, Joseph und Richard Veilleux in den USA immer wieder fremdartige und unerwünschte Erscheinungen auf ihren Fotos. Und beinahe zur selben Zeit machte ein gewisser Sam Watkins aus dem Bundesstaat Virginia von sich reden. Dieser nahm eines Tages mehrere Polaroid-Fotos von seinem Hund auf. Als die Fotos nach wenigen Minuten entwickelt waren, war zu Mr. Watkins grenzenloser Verblüffung in drei Fällen das Bild seines treuen Vierbeiners ersetzt worden. Und zwar durch Abbildungen seines jüngeren Bruders William, der wenige Tage darauf in einer jener drei Positionen, wie sie auf den Sofort-Bildern zu erkennen waren, von einem Auto erfasst und getötet wurde.[34]

Ein Gedankenfoto, welches sogar eine künftige Tragödie vorwegzunehmen vermag – das ist mehr als starker Tobak! Derartige Effekte lassen ein weiteres Mal Rückschlüsse auf geheime Wechselwirkungen zwischen Bewusstsein und Materie zu, die uns allen eine ordentliche Gänsehaut über den Rücken jagen. Der griechische Philosoph *Sokrates* (470–399

v. Chr.), in der Zeit der Aufklärung das Idealbild des antiken Weisen, prägte den bekannten Ausspruch: »Ich weiß, dass ich nichts weiß.« So geht es uns angesichts solcher Fakten und Phänomene, die ein ganzes Weltbild aus den Angeln zu heben imstande sind. Nichts ist mehr so, wie es scheint …

Phantomgesichter auf See

Wenn sich Gedanken auf Fotos zu manifestieren vermögen, so gelingt es einer Realität jenseits der uns vertrauten, gewissermaßen Fuß in unserem scheinbar so unverrückbaren Paradigmenrahmen zu fassen. Mitunter bedarf es aber nicht einmal geistiger Anstrengungen, solche alternativen Wirklichkeiten auf Film respektive Fotos erscheinen zu lassen. Dies ist etwa der Fall, wenn zahlreiche Zeugen bereits »in natura« Dinge sehen, welche eigentlich gar nicht dort sein dürften, wo sie sich in diesem Augenblick befinden.

Einer der merkwürdigsten und verwirrendsten Vorfälle dieser Art betrifft die »Phantomgesichter«, die hinter dem Tankschiff »S. S. Watertown« herschwammen. Dieses Ereignis, das sich zudem mehrere Male wiederholt hat, kann als über jeden Zweifel erhaben angesehen werden. Denn jene Gesichter wurden fotografiert und können auch verwechslungsfrei zugeordnet werden. Sogar bei großzügigster psychologischer Deutung ist es unserem dürftigen Schulwissen nicht vergönnt, den unheimlichen Erscheinungen mit einer »natürlichen« Erklärung beizukommen.

Die »Watertown« gehörte der in New York ansässigen Reederei *Cities Service Company* und befand sich im Dezember des Jahres 1929 auf der Fahrt von San Pedro in Kalifornien zum Panama-Kanal. Die beiden Matrosen James T. Courtney und Michael Meehan mussten die Tanks des Schiffes reinigen, das seine Benzinladung kurz zuvor gelöscht hatte. Wahrscheinlich gingen die beiden zu leichtsinnig dabei vor und erstickten an den giftigen Benzindämpfen, die sich in den leeren Tanks breitgemacht hatten. Vor der Westküste Mexikos wurden Courtney und Meehan bei Sonnenuntergang am 4. Dezember 1929 in 1400 Fuß (etwa 420 Meter) Tiefe auf Seemannsart bestattet.

Bereits am darauf folgenden Abend beobachtete der Erste Offizier kurz vor Eintritt der Dämmerung die gespenstischen Bilder der Köpfe beider Matrosen inmitten der Wellen vor der Backbordreling – dort, wo man ihre Leichen tags zuvor ins Meer gleiten ließ. Während die »Köpfe« dem Tanker folgten, waren die Gesichter der Toten deutlich und ohne jeden Zweifel zu erkennen. Schnell verbreitete sich das Gerücht von der Erscheinung. Bis der Tanker den Panama-Kanal erreichte, hatten beinahe alle Besatzungsmitglieder die unheimlichen Köpfe gesehen.

Nun erschienen die Antlitze jeden Tag zwischen Spätnachmittag und der Abenddämmerung – der Stunde ihres Begräbnisses auf hoher See. Der Abstand zwischen ihnen betrug zirka drei Meter und sie »schwammen« gute zehn Meter hinter dem Schiff her. Man konnte sie bis zu zehn Sekunden lang beobachten, dann schienen sie sich wieder aufzulösen, um kurz darauf erneut sichtbar zu werden. Sie waren deutlich größer als in Natur, und man hatte den Eindruck, als würden die Wellenkämme sie mit sich tragen.

Die Erscheinung verschwand, sobald die »S. S. Watertown« den Pazifischen Ozean verlassen hatte. Nach Ankunft des Tankschiffes in New Orleans erstatteten Kapitän Keith Tracy und Bordingenieur Monroe Atkins bei der Zweigniederlassung ihrer Gesellschaft Bericht über den ominösen Vorfall. James S. Patton, ein leitender Angestellter der Cities Service Company, zeigte ganz besonderes Interesse für das Phänomen. Er fragte, ob man einen Versuch unternommen hätte, die Köpfe zu fotografieren. Kapitän Tracy erklärte, der Maat (Erster Offizier) hätte den Vorschlag gemacht. Bedauerlicherweise hatte jedoch niemand an Bord einen Fotoapparat dabei.

Bevor nun die »Watertown« die Rückfahrt antrat, erhielt der Maat eine einwandfrei funktionierende Kamera. James Patton besorgte einen fabrikneuen Film. Kaum war der Tanker im Pazifik, da tauchten auch die unheimlichen Köpfe wieder auf.

Kapitän Keith Tracy machte sechs Aufnahmen und schloss dann den Film im Safe seiner Kabine ein. Als sie wieder in New Orleans einliefen, brachte Patton persönlich den Film in die New Yorker Firmenzentrale, wo ihn ein Berufsfotograf entwickelte. Fünf der Abzüge ließen absolut nichts Außergewöhnliches erkennen, aber der sechste erwies sich als sensationell.

Bis heute einzigartig

Vor der Backbordreling erkennt man deutlich beide Gesichter (s. Bildteil). Hierbei ist Courtneys Kopf nicht ganz so scharf getroffen wie jener des glatzköpfigen Meehan, welcher erstaunlich lebensecht wirkt.

James Patton ließ Negative und Abzüge durch das Detektivbüro Burns in New York prüfen. Das Gutachten kam zu dem Schluss, dass es sich nicht um eine Fälschung handeln könne.

Als die »S. S. Watertown« ein drittes Mal seit dem tragischen Tod der beiden Matrosen auslief, wurden die geheimnisvollen Gesichter nur noch wenige Male wahrgenommen. Und nach besagter Fahrt beobachtete niemand mehr die Köpfe. Trotzdem geriet dieses Mysterium nicht in Vergessenheit, denn das Foto wurde mitsamt der ungewöhnlichen Geschichte in der Ausgabe Februar 1934 der Firmenzeitschrift »Service« veröffentlicht. Und eine Vergrößerung der Fotografie hing noch einige Jahre in der Empfangshalle der Cities Service Company in New York.[35,36]

Was für unerforschliche Gesetze liegen der Tatsache zugrunde, dass die Erscheinungen nur auf dem Teil des Meeres vorkamen, der die sterblichen Überreste der Matrosen aufgenommen hatte? Die Theorie, es handle sich hier nur um optische Täuschungen, darf in diesem Falle als vollkommen unwahrscheinlich abgelehnt werden. Sowohl einzeln als auch in Gruppen beobachteten zahlreiche Seeleute diese Erscheinung immer wieder an der gleichen Position inmitten der Wellen sowie an jener Stelle des Schiffes, von wo aus man die sterblichen Hüllen Meehans und Courtneys der See übergeben hatte.

Stets sah man die beiden Gesichter gleichzeitig, und selbst die Fotografie zeigt die Köpfe in jener Konstellation, wie sie durch die Augenzeugen wahrgenommen wurde. Die Behauptung, dass eine optische Täuschung wiederholt paarweise aufgetreten wäre, würde unsere Gutgläubigkeit mit Sicherheit mehr strapazieren, als den Vorfall vorurteilsfrei als solchen zu akzeptieren. Zum Ungemach für die Skeptiker gleichen die Gesichtszüge der Köpfe im Wasser ohne jeden Zweifel dem tatsächlichen Aussehen beider Matrosen zu deren Lebzeiten. Der Fall dieser Phantomgesichter auf hoher See steht ohne Vergleich da. Aufgrund der stetig zuverlässig in den Wellen auftauchenden Gesichter ist er bis zum heutigen Tag einzigartig geblieben.

Das Mädchen in den Flammen

Aus viel jüngeren Tagen stammt ein Fall, den man vielleicht *bedingt* mit den gespenstischen Köpfen der unglücklichen Matrosen vergleichen kann. Am 19. November des Jahres 1995 brannte die Stadthalle von Wem in der englischen Grafschaft Shropshire, nördlich von Shrewsbury nahe der Grenze zu Wales, bis auf die Grundmauern nieder. Das Spektakel lockte zahllose Schaulustige an, welche sich nicht entgehen ließen, wie die Flammen das im Jahre 1905 erbaute Gebäude verschlangen.

Unter den am Ort des Geschehens so zahlreich Versammelten befand sich Tony O'Rahilly, der ein paar Bilder mit einem Teleobjektiv von 200 Millimetern Brennweite machte. Auf einer der Aufnahmen war ein junges, teilweise »durchscheinendes« Mädchen zu sehen, das an einer Brüstung bei einem Durchgang stand. Es schien O'Rahilly, der es beim Fotografieren nicht wahrgenommen hatte, unverwandt anzustarren.

Doch wer war dieses Mädchen? Steckte, wie bei den ums Leben gekommenen Seeleuten der »S. S. Watertown«, gleichsam eine konkrete Geschichte hinter der unheimlichen Erscheinung?

Der Fotograf aus Wem legte sein Material der Britischen Gesellschaft zur wissenschaftlichen Untersuchung anomaler

Phänomene vor. Die wiederum beauftragte Dr. Vernon Harrison, früherer Präsident der Royal Photographic Society und Foto-Experte, mit einer Analyse des Bildes. Harrison untersuchte sowohl den Abzug als auch alle Original-Negative akribisch und kam dann zur Überzeugung, dass diese Aufnahme echt sei. »Das Negativ ist ganz klar Teil eines Schwarz-Weiß-Filmes. Nichts deutet darauf hin, dass daran in irgendeiner Weise manipuliert wurde«, schloss Harrison aus seinen Untersuchungen.

Man fand schließlich eine Erklärung, wer das geheimnisvolle junge Mädchen gewesen sein könnte. Der ruhige Marktflecken in der Grafschaft Shropshire wurde in der Vergangenheit durch einen Großbrand verwüstet. Wie alte Aufzeichnungen aus dem Jahre 1677 bezeugen, zerstörte das Feuer die meisten der aus Holz gebauten Häuser von Wem. Ein junges Mädchen mit Namen Jane Churm setzte unachtsamerweise ein Strohdach mit einer Kerze in Brand und verursachte so die schreckliche Katastrophe.[37]

Gedanken nehmen »lebendige« Gestalt an

»Wir schaffen die Welt mit unseren Gedanken.« Dieses Bonmot wird dem in Nepal geborenen Religionsstifter Gautama Siddharta (um 560–480 v. Chr.), wohl besser bekannt unter seinem Ehrentitel *Buddha* (»Der Erleuchtete«), nachgesagt. Denkt man an die so staunenswerten »Präsentationen« des eingangs beschriebenen Ted Serios sowie seiner Kollegen von der Gedanken fotografierenden Zunft, so kann man dem heiligen Manne aus dem Fernen Osten nur beipflichten.

Könnte es möglich sein, dass sich Gedanken in einer noch eindrücklicheren Weise manifestieren? Ja, in gewisser Weise sogar Gestalt annehmen und »reales« Leben nachahmen?

Seit undenklichen Zeiten beherrschen einige Eingeweihte aus den Bergregionen Tibets ein »Dubthab« bezeichnetes Ritual, mit dessen Hilfe diese ihren Gedanken Formen verleihen. Menschlich anmutende Formen, um genau zu sein. Durch Meditation erschaffen sie eine so genannte »Tulpa« (in der tibetischen Schreibweise »sprulpa«), welche – als konkretes Ergebnis eines kreativen Willens – auch von außenstehenden Personen gesehen und mit realen Menschen verwechselt werden kann.[38]

In unseren Breiten wäre diese Fähigkeit, eine gewissermaßen mit Leben erfüllte Daseinsform aus einer alternativen Realität zu erschaffen, vollkommen unbekannt geblieben, hätte sich eine außergewöhnliche Persönlichkeit nicht für solche bizarre Dinge interessiert. Die französische Tibet-Forscherin Alexandra David-Néel (1868–1969) bereiste in den Jahren 1911 bis 1925 eine Reihe ausgefallener Orte in Süd- und Zentralasien. Jene ehemalige Opernsängerin war fasziniert von der geheimnisumwitterten Region auf dem »Dach der Welt« und dem vom Buddhismus geprägten Leben. Besessen auch von dem Wunsch, möglichst vieles über die ungewöhnlichen Fähigkeiten zu erfahren, welche man einigen »Heiligen und Hexern« dort nachsagte.

Die vierzehn langen Jahre, die Madame David-Néel hauptsächlich in Tibet verbrachte, erwiesen sich in dieser Hinsicht als sehr erfolgreich. Machte sie doch nicht nur die Bekanntschaft mit einer ganzen Reihe mit außergewöhnlichen Eigenschaften gesegneter Menschen, sondern erlernte auch die eine oder andere buchstäblich »überirdische« Praktik. Wie etwa den *Tumo* (tibetisch *gtummo*), die Fähigkeit, auf paranormale Weise Körperwärme zu erzeugen. So sind Eingeweihte dazu fähig, in den eisigen Regionen des Himalaya unbekleidet zu überleben, ohne zu frieren oder gar gesundheitliche Schäden zu nehmen. Doch nicht nur das: Besonders Geübte lassen sich bei strengen Minustemperaturen zusätzlich nasse Tücher umlegen, die sie dann mittels *Tumo* trocknen. Er erscheint geradewegs phantastisch, aber von geübten Tumo-Meistern wird berichtet, dass sie im Verlauf nur einer Nacht bis zu 40-mal die ihnen aufgelegten, zuvor in Eiswasser getauchten Tücher trocknen konnten.[39]

Einige Male erlebte die Forscherin, wie sich besagte *Tulpas* vor ihr materialisierten. Eines Nachmittags erhielt David-Néel den Besuch eines tibetischen Malers mit der eigentümlichen Vorliebe für zornige Gottheiten, die er glühend verehrte. Als der Mann auf sie zuging, bemerkte sie hinter ihm die nebelhafte Gestalt eines dieser gefürchteten Wesen. Ihr Besucher schien jedoch von der Tulpa, die ihm gefolgt war, nichts bemerkt zu haben. Alexandra David-Néel schob ihn zur Seite und streckte eine Hand der Erscheinung entgegen. Hierbei glaubte sie ein weiches »Objekt« zu spüren, dessen Substanz unter ihrer leichten Berührung nachgab. Sofort verschwand das Wesen.

Der Maler gestand ihr nun, dass er schon seit einigen Wochen Dubthab-Riten vollziehe und die Gottheit anrufe, deren Gestalt sie gerade ansichtig geworden war. Am gleichen Morgen hatte er noch an deren Porträt gearbeitet und sich voll auf sie konzentriert. Erhoffte er doch »göttlichen Beistand« bei einem Unternehmen, mit dem er jemand anderen Schaden zufügen wollte.[40]

Der kleine Mönch

Die Praxis zur Erschaffung einer Tulpa soll mit ernsten Gefahren für all jene verbunden sein, die noch keinen hohen geistig-seelischen Reifegrad erreicht haben und sich gleichfalls nicht darüber bewusst sind, mit welchen hochbrisanten Kräften sie da umgehen. Im Klartext: Solche Materialisationen einer Lebensform aus anderen Realitäten sind nicht jedermanns Sache!

Sobald die Tulpa mit genügend Lebenskraft ausgestattet ist, um die Rolle eines real existierenden Zeitgenossen zu spielen, tendiert sie dazu, sich von der Kontrolle ihres »Schöpfers« zu befreien. Dies geschieht beinahe automatisch, heißt es in den Kreisen tibetischer Eingeweihter, so wie bei einem herangereiften Fötus, der die Gebärmutter verlässt. Manchmal gerät eine so extrem kraftvolle Gedankenform zu einer außergewöhnlich widerspenstigen Kreatur. Dann hört man von unsäglichen Kraftproben zwischen den Schöpfern und ihren Geschöpfen. Nicht selten sollen letztere ihren »Erzeugern« dabei ernste oder gar tödliche Verletzungen beigebracht haben.[38]

Hin- und hergerissen zwischen ihrer Skepsis und den Gelegenheiten, bei denen sie diese materialisierten Gedankenformen zur Gesicht bekam, erwuchs in Madame David-Néel der starke Wunsch, sich selbst einmal auf solch ein Experiment einzulassen. Damit sie jedoch nicht von den Formen der tibetischen Gottheiten beeinflusst würde, welche sie auf Bildern und Gemälden täglich um sich wahrnahm, wählte sie für ihr Experiment ein für diese Region bedeutungsloses Geschöpf aus. Sie stellte sich also einen Mönch abendländischer Prägung vor, klein und dicklich, einen fröhlichen und geselligen Zeitgenossen.

Die Forscherin zog sich in Klausur zurück und begann, sämtliche vorgeschriebenen Visualisierungen und Konzentrationsübungen zu vollziehen. Nach ein paar Monaten nahm der Phantommönch immer festere und lebensnahere Formen an. Er wurde bald zu einer Art »Gast«, der Madame David-Néels Klause mit ihr teilte. Endlich gab sie ihre selbstgewählte Abgeschiedenheit auf, weil sie in den folgenden Wochen zusammen mit ihren Bediensteten im Land umherzureisen gedachte.

Was auf jener Reise durch Tibet geschah, schildert die Forscherin in eindrucksvollen Details:

»Der Mönch schloss sich selbständig der Reisegesellschaft an. Obschon ich im Freien lebte, jeden Tag viele Meilen auf meinem Pferd zurücklegte, bestand diese Illusion fort. Ich sah diesen fetten ›trapa‹, und zuweilen war es nicht einmal notwendig, an ihn zu denken, um ihn erscheinen zu lassen. Das Phantom führte verschiedene Handlungen aus, wie sie für Reisende üblich sind und die ich ihm nicht aufgetragen hatte. So lief er beispielsweise herum, blieb stehen oder blickte sich um. Diese Illusion war hauptsächlich visueller Natur, manchmal jedoch fühlte ich, wie mich ein Gewand leicht streifte, und bei einer Gelegenheit schien mich eine Hand an der Schulter zu berühren.«

»Alptraum bei Tage«

»Die besonderen Merkmale, die ich mir vorgestellt hatte, da ich dies Phantom erschuf, änderten sich allmählich. Der dicke, pausbäckige Gefährte wurde mit der Zeit magerer. Sein Gesicht nahm einen leicht spöttischen, verschlagenen, bald auch bösartigen Ausdruck an. Er wurde unangenehm lästig, recht aufdringlich und immer dreister. Kurz gesagt, er entglitt völlig meiner Kontrolle.«[40]

Der kleine Mann begleitete die Wege David-Néels, ganz egal, ob diese wollte oder nicht. Eines Tages sah ein Hirte, der ihr etwas Butter als Geschenk brachte, die Tulpa und hielt sie für einen wirklichen lamaistischen Geistlichen. Ursprünglich hatte die Forscherin vorgehabt, das Phantom seiner Wege gehen zu lassen, doch die Anwesenheit des jetzt unwillkommenen Begleiters nervte sie immer stärker. Er war zu einem »Alptraum bei Tage« geworden. Und da sie nach Lhasa zu reisen gedachte und ihren Kopf nicht mit solchen Problemen belasten wollte, beschloss sie, das Phantom wieder aufzulösen.

Was sich als gar nicht so einfach erweisen sollte, bedurfte es doch sechs Monate harter geistiger Arbeit. Diese alternative Realität, welche da Gestalt angenommen hatte, hing äußerst stark an ihrem »Leben« ...

Abschließend schätzte Alexandra David-Néel ihre bei diesem nicht alltäglichen Experiment gewonnenen Erkenntnisse wie folgend ein: »Es ist nichts Befremdliches an der Tatsache, dass ich mir vielleicht meine eigene Halluzination geschaffen habe. Der wirklich interessante Punkt ist, dass bei diesen Materialisierungen auch andere diese Gedankenform sehen können, weiche man geschaffen hat.«[40]

Diesem Statement könnte man noch eines relativierend hinzufügen. Und zwar die ebenso erstaunliche wie blamable Erkenntnis, dass unsere Naturwissenschaften im aufgeklärten Westen die Realität solcher Phänomene einfach nur ignorieren.

4 Der Büffeljäger vom Smokey Hill River
Unterwegs in anderen Wirklichkeiten

»Für uns überzeugte Physiker sind Vergangenheit, Gegenwart und Zukunft nur eine Illusion.«

Albert Einstein (1879–1955),
Physiker und Universalgenie

So viele Dinge auf dieser unserer Welt halten wir für absolut selbstverständlich. Und sind dann umso schockierter, wenn uns etwas Unvorhergesehenes, scheinbar Undenkbares aus unserem gewohnten Zustand reißt. Am wenigsten stellen wir die Realität in Frage, in die wir offenbar so sicher und unverrückbar eingebunden zu sein scheinen. Wir leben in unseren drei gewohnten Dimensionen plus der Zeit als vierter – Physiker sprechen hier vom »Raum-Zeit-Kontinuum« –, nichts scheint unseren Standpunkt darin erschüttern zu können.

Und überhaupt: die Zeit. Von Kindesbeinen an sind uns Tage, Monate und Jahre vorgegeben. Oft noch vor dem ersten Schultag lernen wir, die Zeit auf der Uhr abzulesen. Man lehrt uns, Wochen und Monate auf dem Kalender zu erkennen und mit den Jahreszeiten zu leben. Diese Zeiteinteilungen sind jedoch rein willkürlich, wurden darum eingeführt, damit der Mensch weiß, wann er säen und ernten muss. Uhr und Kalender sind nichts als Mechanismen, die unser Leben organisieren und System ins Chaos bringen sollen. Diese Chronologie ist aber womöglich nicht die einzige Form der Zeit. Immer wieder machen wir – mehr oder weniger unfreiwillig – die Bekanntschaft mit gänzlich anderen Abläufen, welche unser Gefühl für die »Realität« dann gehörig durcheinander bringen. Ohne jede Warnung begeben wir uns auf Reisen, die uns durch Raum und Zeit in fremde Wirklichkeiten führen.

Februar 2004. Ein amerikanisches Ehepaar, Jean und Bob, befand sich auf einer Reise durch den Mittelwesten der USA. In einer Kleinstadt machten sie Halt, um ganz spontan ein Museum zu besuchen. Dort kamen sie gegen 15 Uhr nachmittags an. In diesem Gebäude schlugen sie sofort unterschiedliche Richtungen ein, denn beide wollten die dort ausgestellten Exponate nach ihren eigenen Interessen und freier Zeiteinteilung besichtigen, ohne auf den anderen Rücksicht nehmen zu müssen. Jean sagte ihrem Mann, dass sie ihre »innere Uhr« auf zwei Stunden programmiert hätte, damit sie spätestens gegen 17 Uhr wieder am Ausgang wäre. Um diese Zeit schließt das Museum.

Spurlos im Museum verschwunden

Als Jean mit ihrem Rundgang durch die Hallen beinahe fertig war, näherte sich ihr ein Mann in einem Trenchcoat, der einen silberfarbenen Aktenkoffer auf einem Gepäcktrolley hinter sich her zog. Sie wunderte sich noch kurz darüber, wie jemand die ganze Zeit über einen Aktenkoffer durch ein Museum schleifen konnte, doch dann wandte sie ihre Aufmerksamkeit einem Bildschirm zu, auf dem Videoszenen aus den 1960er-Jahren liefen.

Der Mann im Trenchcoat sah sich einige Augenblicke dies Video schweigend an, dann meinte er: »Hmm. Das sieht ganz so aus, als ob es heute wäre.«

Als ob es ihm absolut gleichgültig wäre, ob er eine Antwort bekommt, ging der Mann daraufhin weiter und zog sein Gepäckwägelchen mit dem Aktenkoffer hinter sich her. Ein paar Minuten später verließ Jean die Ausstellungshallen, beinahe exakt zwei Stunden, nachdem sie das Museum betreten hatte.

Am Ausgang kam ihr Bob atemlos und aufgeregt entgegen, wollte wissen, wo sie die ganze Zeit über gesteckt hatte.

»Ich wollte gerade den Sheriff anrufen und eine Vermisstenanzeige erstatten«, sagte ihr Mann in einer Mischung aus Panik und Zorn. Jean war ihrerseits schockiert über ihren aufgebrachten Ehemann und entgegnete, dass sie diese ganzen zwei Stunden über im Museum gewesen wäre.

Voller Widerspruch schüttelte Bob den Kopf. Und er behauptete, dass er einige Male durch das ganze Museum gelaufen sei, um sie zu suchen – doch nicht die geringste Spur von ihr gefunden hätte. Um dies zu unterstreichen, zählte er mehrere Bedienstete des Museums auf, die ihm dabei geholfen hatten. Doch keiner von ihnen konnte sie finden.

Jean hielt nun ihrem Mann entgegen, dass sie ihn einmal ganz zufällig zwischen den Vitrinen hindurcheilen sah, *er* hatte sie jedoch offenbar nicht bemerkt. Ebenso waren ihr mehrere Angehörige des Museumspersonals aufgefallen, welche ihr aber gleichfalls keine Aufmerksamkeit schenkten. Wie konnten Bob und die Leute vom Museum behaupten, dass diese sie nicht sehen konnten, während Jean die anderen so klar erkannt hatte? Und wie um alles in der Welt waren sie auf die Idee gekommen, dass sie in so einem kleinen Gebäude verloren gehen konnte?

Nun fiel ihr jener Mann im Trenchcoat und mit Gepäcktrolley wieder ein, der die Ausstellungshallen kurz vor ihr verlassen haben musste. Doch weder Bob noch irgendjemand vom Museumspersonal hatte gesehen, wie eine solche Person das Gebäude betreten oder verlassen hatte.

Kurz zuvor hatten auch mehrere Wachen eine letzte Kontrollrunde durch alle Säle des Museums gedreht. Sie erklärten, dass sich niemand mehr dort aufgehalten hätte. Als Bob gerade dabei war, die Polizei vom spurlosen Verschwinden seiner Frau zu benachrichtigen, kam diese aus dem Museum.[41]

Wo war Jean die zwei Stunden über abgeblieben? Weshalb vermochten die anderen Beteiligten sie nicht zu sehen? War sie für diese tatsächlich unsichtbar, während Jean ihren Mann sowie mehrere Museumswärter klar und deutlich erkennen konnte? Und – wer war jener fremde Mann im Trenchcoat, welcher sie offensichtlich wahrnahm, weil er ein paar Worte mit ihr sprach?

Willkommen in Amarillo

Für Jean haben all diese Fragen trotz ihres hohen Bildungsstandes – sie arbeitet an einer größeren Universität der Vereinigten Staaten – bislang keine befriedigende Antwort gebracht. Für den einen mögen Erlebnisse wie dieses nur Humbug bedeuten, ohne sich weitere Gedanken zu machen, dass es für die Betroffenen völlig real und ein massiver Einbruch in deren bis zu diesem Zeitpunkt fest gefügtes Weltbild war. Andere mögen Geister, spontane Rückversetzungen in vergangene Zeiten oder Sprünge in parallele Universen, die nur durch geringfügige Schwingungsdifferenzen von dem unseren getrennt sind, verantwortlich machen. Ich möchte mich bei der Interpretation solcher Vorfälle nicht festlegen, obgleich man natürlich in mehrere Richtungen spekulieren kann. Deswegen glaube ich, dass man mit der Aussage, die Betroffenen seien für begrenzte Zeit in einer anderen Realität als der unseren eingebunden gewesen, den uns vorliegenden Fakten gebührend Rechnung getragen haben mag, ohne sich allzu weit aus dem Fenster zu lehnen.

Im Oktober 1974 beschloss ein junger Mann aus New York, den wir hier »Rick« nennen wollen, dem nasskalten Wetter der Metropole am Hudson River den Rücken zu kehren. Er packte die wenigen Habseligkeiten in sein Auto und fuhr einfach in südwestlicher Richtung. Auf dem Interstate Highway Nr. 40 erreichte er den Norden von Texas und entschloss sich, östlich von Amarillo erst einmal eine Rast einzulegen.

»Ich kam an eine altertümlich-anheimelnde Raststätte an einer Nebenstrecke der alten ›Route 66‹, abseits des Interstate Nr. 40. Als ich auf das Gelände fuhr, kam eine mollige, ältere Frau heraus und fragte, ob ich Benzin bräuchte. Heimlich lachte ich in mich hinein, als ich die uralten Zapfsäulen sah und mir vorstellte, wie diese schon ein wenig in die Jahre gekommene Frau mit der Hand Benzin pumpte. So sagte ich ihr, dass ich nicht tanken müsse, statt dessen aber ganz gut etwas zum Essen vertragen würde.«

Als sich Rick mit sichtlich gesundem Appetit an der texanischen Hausmannskost gütlich tat, fragte ihn die Frau, wohin er denn unterwegs sei. Er antwortete ihr, dass er sich irgendwo im Süden niederlassen wollte, möglicherweise in Texas, doch hätte er noch keine endgültigen Pläne. Er wäre noch am Überlegen und hätte noch nichts entschieden.

»Die ältere Dame, die ein wenig an einen pausbäckigen Engel erinnerte, sprach in einer sehr netten, mütterlichen Weise mit mir. Sie war sehr aufmunternd und half auch, mein damals etwas angeknackstes Selbstbewusstsein wieder aufzurichten. Dabei gab sie mir den Rat, ich solle nach Amarillo hineinfahren und mir die Zeit nehmen, mich dort etwas umzusehen, weil ich in dieser Stadt mein Glück machen würde.«

Rick bedankte sich für ihren Rat, und als er hinausging, um loszufahren, wiederholte sie nochmals, dass er in Amarillo sein Glück machen würde. Er würde eine ganze Weile hierbleiben und ein neues Leben beginnen.

Berührt von ihrer mütterlichen Fürsorge und angetrieben von ihrer vertrauensvollen Art, fuhr Rick nach Amarillo hinein. Er war erst zwei Tage in der Stadt, da bekam der junge Mann einen guten Job bei der Firma »Bell Helicopters«, und er konnte sich sogar ein Haus mieten. Die Niederlassung der Firma befand sich übrigens am Flughafen von Amarillo, etwas abseits des Interstate Nr. 40 am östlichen Rande der Stadt.

»Nachdem ich mich schon mehrere Wochen eingelebt hatte, beschloss ich eines Tages, zu der kleinen Raststätte hinauszufahren, um die nette ältere Dame wieder zu sehen, die mich so sehr ermutigt hatte, als ich dies am dringendsten notwendig hatte. Ich wollte ihr ganz einfach dafür danken und ihr erzählen, dass sich die Dinge tatsächlich genau so entwickelt hatten, wie sie es mir vorausgesagt hatte.«

Da Rick zu diesem Zeitpunkt schon eine Weile in Amarillo gelebt hatte, kannte er sich in der Stadt und ihrer Umgebung ein wenig aus. Er fuhr in östlicher Richtung, bis er besagte Nebenstrecke der alten ›Route 66‹ fand, an der sich seiner Erinnerung nach die Raststätte befinden musste. Zuerst befürchtete er, das alte Gebäude mit seinen antiquierten Zapfsäulen irgendwie übersehen zu haben. Also drehte er nach 20 Meilen wieder um, hielt ein weiteres Mal Ausschau.

»Alles, was ich finden konnte, war ein alter, längst unbenutzter Straßenabschnitt, der einst zur ›Route 66‹ gehörte.

Aber es waren keine Gebäude oder selbst Reste davon erkennbar«, berichtete Rick später. Enttäuscht trat er den Rückweg nach Amarillo an. Am nächsten Tag fragte er zwei befreundete Kollegen, die in der Stadt geboren und aufgewachsen waren, nach der verschwundenen Raststätte. Beide waren sich einig, dass dort schon seit den frühen 1960er-Jahren keine Tankstelle oder Raststätte mehr existierte.

»Immer wieder zog es mich dorthin, doch jene geheimnisvolle Stätte sollte ich nicht mehr finden. Ich konnte mich nicht bei der engelhaften älteren Frau bedanken. Aber ich glaube, in irgendeiner Weise hat sie erfahren, wie die Geschichte für mich ausging. Ich blieb sieben Jahre in Amarillo, denn für mich war es wirklich der Beginn eines neuen Lebens.«[41]

Das Dorf in der Bretagne

Bei solchen Erlebnissen stellt sich ganz unvermeidlich eine simple Frage. Mit was es die Betroffenen auch immer zu tun haben mögen – Zeitsprünge, Hineingleiten in parallele Dimensionen oder so genannte »Geister«, was immer man darunter auch verstehen mag –, welchen Eindruck mögen sie auf ihr »Gegenüber« aus der anderen Wirklichkeit gemacht haben? Werden sich jener Mann mit dem Aktenkoffer oder die nette ältere Dame, um bei den vorangegangenen Fällen zu bleiben, an ihre Begegnungen entsinnen? Werden sie ihren »Zeitgenossen« darüber berichten oder sich gleichfalls den Kopf darüber zermartern, was ihnen widerfahren ist? Möglicherweise sind derartige Erfahrungen für sie aber auch normale Dinge, die ihren Platz in einem Weltbild einnehmen, welches im Gegensatz zu unserem viel weiter entwickelt ist.

Nicht immer kommt es bei solchen Exkursionen in fremde Realitäten zu einem bewussten Kontakt zwischen den Betroffenen und ihrem Gegenüber. Manche Erfahrungen beschränken sich gleichsam auf die bloße Beobachtung von Orten oder Szenarien, und nicht immer wird es den involvierten Personen sofort bewusst, dass irgendetwas auf unheimliche Art und Weise nicht stimmt. Was eine weitere Frage in diesem Kontext aufwirft: Welche Konsequenzen hätte eine eventuelle hautnahe Konfrontation mit dem Phänomen mit sich gebracht?

Am westlichsten Zipfel unseres Nachbarlandes Frankreich befindet sich die Bretagne. Hier, im alten Stammland des Magiers *Merlin*, begegnet man den Relikten einer rätselhaften Vergangenheit noch annähernd auf Schritt und Tritt. Menhire blicken uns wie Stein gewordene Fragezeichen an, und mit nur wenig Phantasie sehen wir vielleicht noch die Schatten der keltischen Druiden durch die alten Eichenhaine huschen. Das ist ein Land für die Seele und die Sinne, aber auch für Übersinnliches. Der ungestüme Ozean und das schwere Geblüt der Bretonen, ihre deftige Küche, der hausgebrannte Schnaps und der süffige Apfelwein Cidre: All das ist bodenständig, ehrlich und klar.

Im Jahre 1982 widerfuhr der Fernsehjournalistin Helga Guitton, die früher beim NDR die »Aktuelle Schaubude« moderierte, ein sehr mysteriöses Erlebnis in der Nähe des westlich von Rennes gelegenen Städtchens Josselin.

An den Ufern des Flusses Oust hatte sie gemeinsam mit einigen Freunden ein Ferienhaus gemietet, genoss dort die frühsommerlichen Tage und den nächtlichen Sternenhimmel. Zum Einkauf fuhr sie regelmäßig nach Josselin, das um ein altes, normannisches Schloss hoch auf einem Felsen herum gebaut ist. Die Straße, die vom Ferienhaus nach Josselin führte, war kaum mehr als ein asphaltierter Feldweg, ohne Randbefestigungen und Verkehrszeichen. Dazwischen lag weder ein Dorf noch ein nennenswertes Anwesen.

Und doch gewahrte sie eines Tages auf einem Hügel ein kleines Kirchlein, um das sich ein paar weißgetünchte Häuser gruppierten. Davor befand sich ein Ziehbrunnen, watschelten Enten und Gänse. Das Ganze wirkte wie eine Idylle aus längst vergangenen Jahrhunderten. Nur Menschen waren nicht zu sehen.

Auch an den folgenden Tagen sah Helga Guitton das Dorf, und bei jeder Fahrt nach Josselin freute sie sich auf den märchenhaften Ausblick. Später schilderte sie ihrem Kollegen, dem TV-Moderator Rainer Holbe, ihre Beobachtungen:

»Jener Anblick berührte mich von Mal zu Mal mehr. Er machte mich heiter und auf eine merkwürdige friedliche Art und Weise sogar glücklich. Ich beschloss, mein Dorf zu fotografieren. Ich hätte es lieber gemalt, aber leider bin ich weder begabt, noch hatte ich das nötige Handwerkszeug. Also stoppte ich das Auto, um über die Wiese etwas näher an den kleinen Weiler zu kommen. Durch den Sucher der Kamera versuchte ich, das Motiv schon mal zu fixieren.

Aber da war nichts! Keine Kirche, keine Häuser, kein Brunnen und auch kein Federvieh. Eine Landschaft wie aus einem Bilderbuch, doch kein Hinweis auf eine menschliche Siedlung.«[42]

Verwirrt stieg sie wieder in ihr Auto und fuhr nach Josselin, machte dort ihre Einkäufe und bummelte danach noch völlig ziel- und planlos durch die Gassen. Dabei kam sie an einem Antiquariat vorbei. Sie betrat den Laden, kramte in ein paar hundert Jahre alten Haushaltsgegenständen herum. Der

Ladeninhaber erzählte ihr, dass etliche dieser Objekte aus einem verlassenen Dorf stammten, das vor einigen Jahrhunderten von einer Feuersbrunst vernichtet worden war.

Und dann traf ihr Blick auf ein verstaubtes Bild, eine ganz zarte Federzeichnung unter Glas. Mit ihren Fingern wischte sie den Staub weg, und plötzlich konnte sie es sehen: Es war »ihr« Dorf, die Kirche mit einem Hahn auf dem Turm, die kleinen weiß getünchten Häuser sowie der altertümliche Ziehbrunnen mit den Enten und Gänsen.

Die Fernsehjournalistin kaufte sich das Bild. In der Folgezeit fuhr sie noch mehrere Male die Strecke zwischen dem Ferienhaus und Josselin hin und her. Aber das Dorf hat sie niemals mehr gesehen.[42,43]

Begegnung mit dem »Wilden Westen«

Dass die Bretagne nicht nur ein malerisches, sondern mitunter auch ein recht geheimnisträchtiges Fleckchen Erde ist, dass kann ich aus meiner eigenen Erfahrung bestätigen. Es muss gegen Ende der 1990er-Jahre gewesen sein. Gemeinsam mit dem bereits erwähnten Rainer Holbe war ich auf einer Bootstour auf der Vilaine, einem weitgehend naturbelassenen Flüsschen, sowie dessen Nebengewässern. Interessanterweise befanden wir uns nur wenige Kilometer von jener Örtlichkeit entfernt, an der Rainers Kollegin Helga Guitton ihr Erlebnis mit dem verschwundenen Dörfchen hatte, doch das erfuhr ich erst später.

Wir hatten unsere Boote am Steg gegenüber dem »Indianerfelsen« vertäut, einer wildromantischen Landschaft am l'Aff, zwischen dem Städtchen Redon und dem Künstlerdorf

La Gacilly. Mit Ausnahme eines kleinen Restaurants und einem Verleih für Kanus und Paddelboote war weit und breit keine menschliche Siedlung.

Doch mitten in der Nacht vernahmen wir mit einem Mal deutliches Glockengeläute, das aus dem an dieser Stelle recht tiefen Fluss zu kommen schien. Woher dies mysteriöse Läuten aber wirklich kam, konnten wir jedoch nie in Erfahrung bringen.

Doch kehren wir aus den Tiefen bretonischer Gewässer zurück zu weiteren rätselhaften Exkursionen in fremde Wirklichkeiten. Auch im folgenden Fall führt uns der Weg in die Vergangenheit. In eine jener Art, wie wir sie nur noch aus Wildwestfilmen kennen.

Der Amerikaner Keith Manies arbeitete im Sommer des Jahres 1985 für die Verkehrsbehörden des Staates Kansas. Meist war er mit statistischen Erhebungen – dem Zählen von Fahrzeugen – auf abgelegenen Landstraßen beschäftigt. Eine ebenso stumpfsinnige wie eintönige Aufgabe, doch für den damaligen Studenten bedeutete sie ein sehr willkommenes Zusatzeinkommen. Zudem blieb ihm bei dieser Arbeit noch genügend Zeit, um nebenbei in seinen Skripten und Büchern zu büffeln.

An einem besonders heißen Nachmittag im Juli 1985 führte Manies eine Verkehrszählung an einer Straße oberhalb dem Flusstal des Smokey Hill River durch. Eigentlich war es ein völlig ereignisloser Tag. Doch mit einem Mal vernahm er einen sehr lauten und hohen Ton, der ihn entfernt an eine Rückkopplung bei elektronischen Geräten erinnerte. Seine erste Reaktion war, das Autoradio auszuschalten, aber es nutzte nichts. Das irritierende Geräusch schien von hinter dem Wagen zu kommen, deshalb stieg er aus, um nach dem Rechten zu sehen.

Als er auf der Straße einige Meter zurückgegangen war, wurde er auf eine Bewegung zu seiner rechten Seite aufmerksam. Er drehte sich um, und zu seiner grenzenlosen Verwunderung erblickte er einen Indianer, wie dieser neben der Straße entlang auf einem Pferd ritt. Sofort war ihm klar, dass das kein Indianer unserer Tage war, die sich hier und da wieder auf ihre Traditionen besinnen. Das ganze Szenario wirkte wie ein lebensechter oder zumindest meisterhaft arrangierter Schnappschuss eines Indsmen-Kriegers aus der unruhigen Zeit um 1840. Er trug nichts als einen Lendenschurz aus Leder sowie ein Paar Mokassins. Und ritt ohne Sattel und Zaumzeug, nur ein Seil war um den Kopf seines Ponys gebunden. In der rechten Hand hielt der mysteriöse Indianer ein geradezu antik wirkendes Gewehr und in seiner linken Hand ein Lasso.

Die Büffelherde

Dieser ungewöhnliche Anblick ließ Mister Manies beinahe den Atem stocken, doch schließlich rief er dem Indianer etwas zu. Aber jener würdigte ihn weder eines Blickes noch einer Antwort und schien den am Straßenrand Stehenden überhaupt nicht zu bemerken. Als der Indianer bis zum nahe gelegenen Abhang geritten war, hielt er an und beobachtete sichtlich angestrengt irgendetwas unten im Tal des Smokey Hill River. Jenes intensive Spähen des Indianers machte Keith neugierig, darum begab er sich gleichfalls zu der Stelle, die ihm einen guten Überblick über das Flusstal bot. Dort unten erwartete ihn die nächste, geradezu unglaubliche Überraschung.

Eine gewaltige Büffelherde graste dort unten, wo noch einige Minuten zuvor nichts dergleichen zu sehen war. Der aberwitzige Anblick ließ seine Knie weich werden – wusste er doch, dass diese mächtigen Büffelherden schon lange der Vergangenheit angehörten. Sie wurden am Ende des 19. Jahrhunderts von gewissenlosen Großwildjägern fast restlos abgeschossen.

Als Keith Manies wieder einigermaßen zu Sinnen gekommen war, wandte er sich dorthin, wo er den Indianer und dessen Pferd zuletzt gesehen hatte. Er rannte zu der Stelle, suchte zudem das Flusstal ab. Doch er konnte weder den Krieger noch jene Büffelherde, die er nur ein paar Augenblicke zuvor beobachtet hatte, ausmachen. Nun wurde ihm aber wieder die unbarmherzig vom Himmel brennende Sonne bewusst, und er ging langsam zu seinem Auto zurück. Der sonderbare Laut, den er anfangs bemerkt hatte, war gleichfalls verschwunden.

Lange noch saß Keith im Auto und überlegte angestrengt, was ihm da widerfahren sein mochte. Hatte er den Geist eines Indianers gesehen, oder war er Zeuge eines Risses in der Zeit geworden? Der seltsame »Rückkopplungseffekt«, den er vor seinem Erlebnis hörte, deutete vielleicht auf eine Störung im Magnetfeld oder eine elektrische Entladung hin. Am Abend jenes denkwürdigen Tages suchte dann ein außergewöhnlich heftiger Gewittersturm die Gegend am Smokey Hill River heim. Manies, welcher selbst aus der sehr gewitterreichen »Tornado Alley« von Kansas stammt, konnte sich nicht entsinnen, jemals ein heftigeres Gewitter erlebt zu haben. Wäre es abwegig, eine Art Wechselwirkung hier in Betracht zu ziehen?

Später fügte er noch über seine sonderbare Begegnung hinzu: »Ich hatte ein seltsames Gefühl, als ich dies elektrische

Surren oder Jaulen hörte, das mich hinter dem Auto nachsehen ließ. Ich kann nicht sagen, *was* dieses so genannte Gefühl war – vielleicht zum Teil der Reiz durch den hohen Ton und zum Teil das Gefühl, dass nicht alles so war, wie es schien. Man darf nicht vergessen, dass dies ein langer und eintöniger Tag war, an dem ich nichts anderes tat, als im heißen und staubigen Kansas die Fahrzeuge zu zählen. Also war dieses Ereignis ein abrupter und erschütternder Bruch in meinem Status quo.

Ich kann nur vermuten, was ich da erlebt hatte. Ich glaube, es war so etwas wie ein ›Fenster in der Zeit‹. Ich wurde Zeuge eines Vorganges, der dort vor mehr als 150 Jahren stattgefunden hat. Der Indianer würdigte mich keines einzigen Blicks und ging seiner Tätigkeit nach, als ob ich einfach nicht dagewesen wäre. Das Ganze dauerte auch nicht länger als ein oder zwei Minuten. Ich glaube, ich wurde Zeuge eines Vorfalls aus der Vergangenheit, die aus irgendeinem Grunde im Ablauf der Zeit vorwärts geglitten ist.«[44]

In einem mittelalterlichen Dorf

Sollte der Mann aus Kansas mit seinen Überlegungen nicht daneben liegen, dann wäre beim folgenden Erlebnis nicht die Vergangenheit ins Heute geglitten, sondern Menschen unserer Tage in eine lange zurückliegende Zeit. Es widerfuhr drei Jugendlichen im England der fünfziger Jahre.

Es war ein heiterer Sonntagmorgen nach einer kühlen Herbstnacht im Oktober 1957. Drei junge Leute – alle im Alter von 15 Jahren –, die an einem Trainingslager der Königlich Britischen Marine in Shotley in der Grafschaft Suffolk teilnahmen, waren auf dem Weg in das benachbarte Dorf Kersey. Bereits unterwegs konnten sie die Kirchenglocken hören. Doch nachdem sie das Dorf erreicht hatten, kam ihnen alles ganz seltsam verändert vor. Kersey wirkte auf sie nicht mehr wie ein Ort des 20. Jahrhunderts, sondern viel eher wie ein Flecken aus längst vergangenen, mittelalterlichen Zeiten.

Als sie zum südlichen Ende des Dorfes kamen, bemerkten sie, dass die alte Kirche, die sie auf ihrem Weg durch die herbstlichen Felder schon durch die Bäume gesehen hatten, verschwunden war. Auch das Läuten ihrer Glocken war verstummt. Wie sie dann an einem mit Laub bedeckten Weg vorbeikamen, sahen sie rechter Hand überhaupt keine Häuser mehr. Nur noch Wald, wo eigentlich eine ganze Reihe Häuser stehen sollte. Nurmehr zu ihrer linken Seite war eine Handvoll Häuser verstreut. Der Waldweg führte zu einem Fluss hinunter und stieg dann zum nördlichen Ende des Dorfes wieder an. Dort standen mehrere Häuser, doch die waren klein, altertümlich und schmutzig. Kein Vergleich zu dem Dorf Kersey, wie es die Zeugen in Erinnerung hatten. Weshalb konnte sich all das so plötzlich verändern?

Verwirrt mussten die Jugendlichen feststellen, dass das Dorf, anstatt wie üblich mit plaudernden Menschen auf ihrem sonntäglichen Weg zur Kirche bevölkert, vollständig ausgestorben war. Die einzigen Anzeichen für Leben waren ein paar Enten, welche sich still und unbeweglich an dem Fluss aufhielten, dessen Lauf durch das Dorf führte. Nirgends waren Autos, Telefonmasten und Rundfunkantennen zu sehen oder andere Anzeichen für Menschen, die im 20. Jahrhundert leben.

Die Totenstille im Dorf bedrückte die Jugendlichen aufs äußerste. Nicht einmal die Stimme eines Vogels war zu vernehmen. Die Welt, aus der sie kamen, schien unendlich weit entfernt zu sein. Als sie sich auf der leeren Straße umschauten, war nicht einmal ein Hund zu erblicken. Kein Windhauch regte sich, auch nicht die Blätter an den Bäumen. Es war, wie einer der drei es später ausdrückte, als seien sie in der Zeit zurückgeschritten. Selbst die Jahreszeit war nicht mehr dieselbe. Hatten sie sich dem Dorf über herbstfarbene Felder und Raine genähert, so trugen die Bäume nun das saftige Grün des Frühlings.

Vorsichtig spähten sie durch das Fenster eines Metzgers und sahen dort abgezogene Rinderhäute hängen. Diese waren schon so alt, dass sie von grünem Schimmel überzogen waren. Das war auch der einzige Laden, den die dorthin Verschlagenen im Ort finden konnten. Und er war so verdreckt und mit Spinnweben verhangen, dass der Schluss nahe lag, der Metzger habe sein Geschäft bereits vor Wochen aufgegeben und verlassen. Die jungen Leute schauten auch in die Fenster der anderen Häuser, konnten aber nur leere Räume ohne ein einziges Möbelstück erkennen.

Zu diesem Zeitpunkt fühlten sich alle drei Zeugen zunehmend unbehaglicher, glaubten sich unentwegt von unsichtbaren Augen beobachtet. Ihre Schritte wurden schneller, und ständig blickten sie sich um, als sie den Weg in der Mitte des Dorfes hinaufgingen. Nach einer Biegung am oberen Ende des Weges machten sie Halt, um kurz zu verschnaufen und zurückzusehen.

Plötzlich war alles wieder normal – der Spuk hatte offenbar sein Ende gefunden. Die Glocken läuteten wieder, Rauch lag in der vormals kristallklaren Luft, und durch die herbstlich gelichteten Bäume am südlichen Ende des Dorfes konnte man wieder die Kirche sehen.

Der britische Forscher Andrew MacKenzie, dem wir diese zwar ungewöhnliche, aber gar nicht so seltene Geschichte zu verdanken haben, stellte einige Forschungen zum historischen Hintergrund des Dorfes an. So vermochte er zu recherchieren, dass mit dem Bau der – im Erlebnis der Jugendlichen – so plötzlich verschwundenen Kirche um das Jahr 1340 begonnen worden war. Wegen einer Pest-Epidemie wurden die Bauarbeiten 1349 eingestellt, um erst mehr als einhundert Jahre später wieder weitergeführt zu werden. Endgültig fertig gestellt wurde die Kirche von Kersey erst im Jahre 1481.

Einer der Zeugen markierte später auf einer zeitgenössischen Ansichtskarte jene Stelle, an der die drei den Metzgerladen (mit den grün verschimmelten Rinderhäuten) gesehen hatten. Während das Gebäude heute einen anderen Zweck erfüllt, diente es früher tatsächlich als Metzgerei, was mindestens bis zurück in das Jahr 1790 belegt werden kann. Leider konnten keine älteren Aufzeichnungen gefunden werden, welche über die vorangegangene Verwendung Auskunft geben könnten. Doch das Haus selbst reichte in seiner Existenz bis ins 15. Jahrhundert zurück.[45]

»Copyright Castle Films, 1948«

Wenn es stimmt, dass wir uns – auf welchen Gesetzmäßigkeiten dies beruht, ist mir völlig schleierhaft – aus der nur von uns so bezeichneten »Realität« kurzzeitig lösen können, dann dürfte die folgende Begebenheit vielleicht die Krönung dieses Phänomens darstellen. Aus erster Hand wurde sie dem mir persönlich bekannten amerikanischen Autor *Brad Steiger* von den davon Betroffenen berichtet.

Charles W. Ingersoll aus Cloquet in Minnesota erzählte

Brad, dass er und seine Eltern seit den 40er-Jahren immer davon träumten, zum Grand Canyon zu fahren. Im Sommer 1948 schien es, als würde es endlich klappen. Indes kam es anders: Ingersoll wurde in jenem Jahr zum stolzen Besitzer einer privaten Radiostation im nahe der kanadischen Grenze gelegenen Ely. Und weil er noch nicht über eingearbeitete, qualifizierte Mitarbeiter zu seiner Entlastung verfügte, blieb ihm nichts anderes übrig, als seine Reise ein weiteres Mal zu verschieben.

Letztendlich sollte es bis 1955 dauern – also sieben Jahre nach dem geplanten Termin –, bis die Ingersolls ihren lang gehegten Wunsch realisieren konnten. Charles besaß keine Filmkamera – ein Umstand, welchen er aufs Äußerste bedauerte, als er von der Schönheit des Naturwunders regelrecht überwältigt wurde. Also ging er vorsichtig zum Rande des Canyons, lehnte sich über das Schutzgeländer und machte ein Bild mit seinem Fotoapparat der Marke *Bosley*.

Zehn Tage später war er mit den Eltern wieder nach Minnesota zurückgekehrt. Ingersoll hatte sich inzwischen dazu durchgerungen, eine Filmkamera nebst Projektor zu erstehen. So kaufte er gleich am Tag nach seiner Rückkehr aus Arizona im Fotoladen am Ort eine 8-Millimeter-Schmalfilmkamera der Marke »Bell & Howell«. Ebenso einen Schwarzweißfilm über den Grand Canyon, welchen der Händler gerade auf Lager hatte.

»Dieser Film stammt aber aus dem Jahr 1948«, wies der Händler seinen Kunden hin, bevor er diesem den Streifen verkaufte. Worauf dieser erwiderte: »Das geht in Ordnung. Ich bin sicher, der Grand Canyon hat sich in den sieben Jahren nicht allzu sehr verändert. Übrigens war dies das Jahr, in dem meine Eltern und ich so gerne zum Canyon gefahren wären, aber wegen des Senders leider nicht konnten.«

9

10

◀◀ *William Henry Harrison (1773–1841)*

◀ *Abraham Lincoln (1809–1865)*

1

12

◀◀ *William McKinley (1843–1901)*

◀ *Franklin Delano Roosevelt (1882–1945)*

John Fitzgerald Kennedy (1917–1963) ▶

Ronald Reagan (1911–2005) ▶▶

13

14

9–14 Eine geheimnisvolle Koinzidenz, die historisch jedoch unbestritten ist, sorgt seit dem Jahr 1840 für den vorzeitigen und unnatürlichen Tod jener US-Präsidenten, die in einem Jahr gewählt wurden, das mit einer Null endet. Doch Präsident Ronald Reagan überlebte einen Anschlag im Jahre 1981, und George W. Bush wurde 2004 sogar wiedergewählt. Hat der sinistre »Fluch des alten Shawnee« nun seine Kraft endgültig verloren?

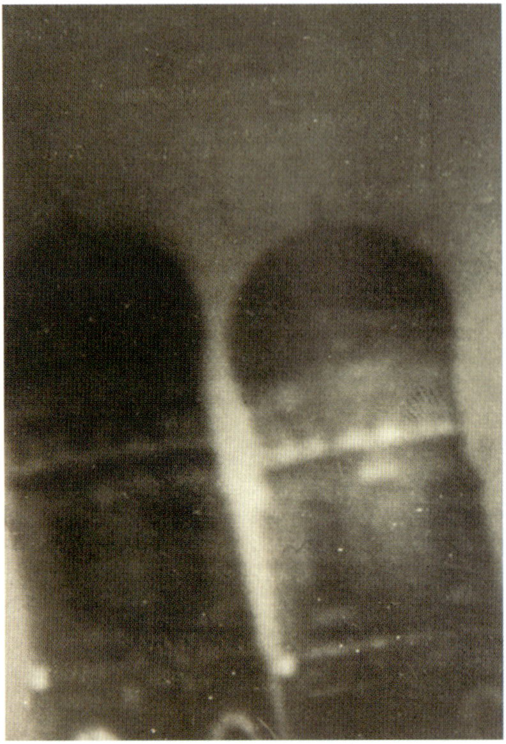

15

15, 16 Ein gutes Beispiel für Ted Serios' Gedankenfotografie: Das »mentale« Bild der Türme der Münchner Frauenkirche (links oben), und im Vergleich dazu ein auf »normalem« Wege fotografiertes Bild (links unten)

17 Der »Gedankenfotograf« Ted Serios bei einem seiner ungezählten Experimente zur Hervorbringung paranormaler Aufnahmen (rechts oben)

16

18, 19 Fehlerhafte Rechtschreibung inbegriffen: Ein Hangar der Air Division der königlich-kanadischen Polizei. Auf dem Gedankenfoto ist der Name falsch geschrieben (Air Division, Cainadain Moun, rechts mitte). Im Vergleich das »normale« Bild (rechts unten) mit der korrekten Beschriftung. Dieser eklatante Schreibfehler spricht ganz entschieden gegen Manipulationen beim Zustandekommen dieser nach wie vor völlig rätselhaften Gedankenfotografien!

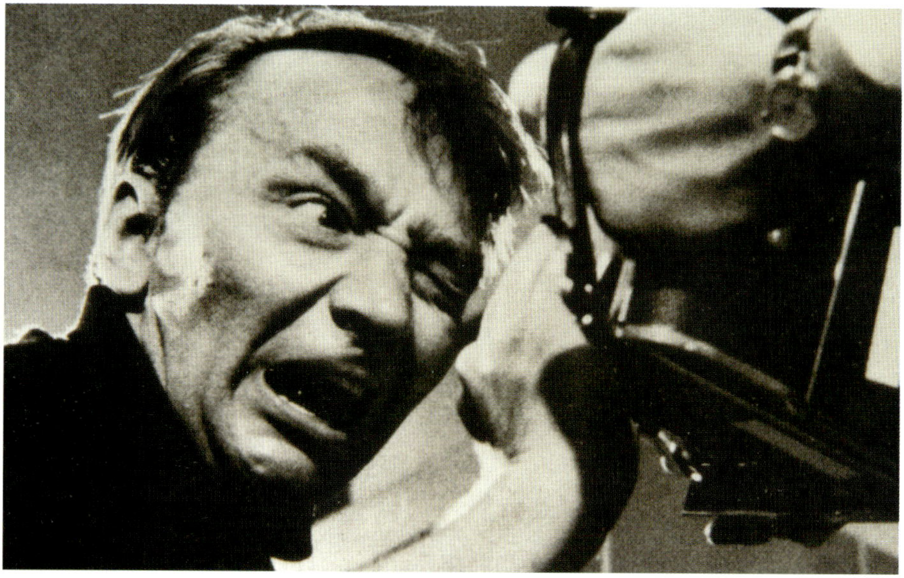

17

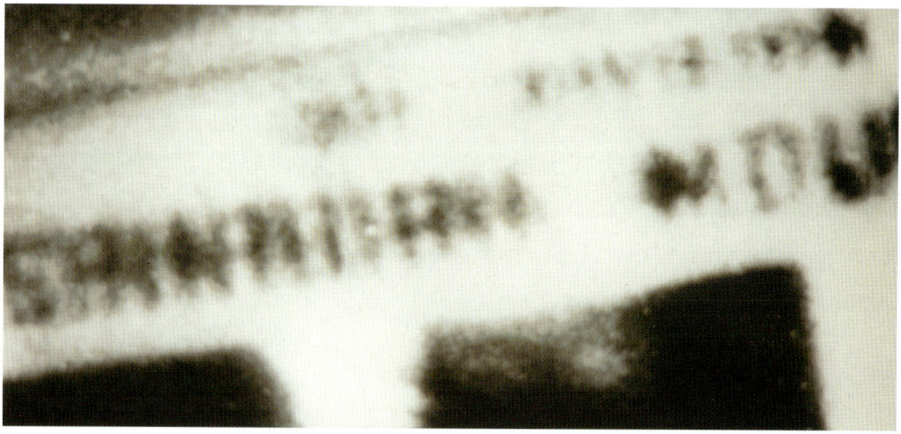

18

19

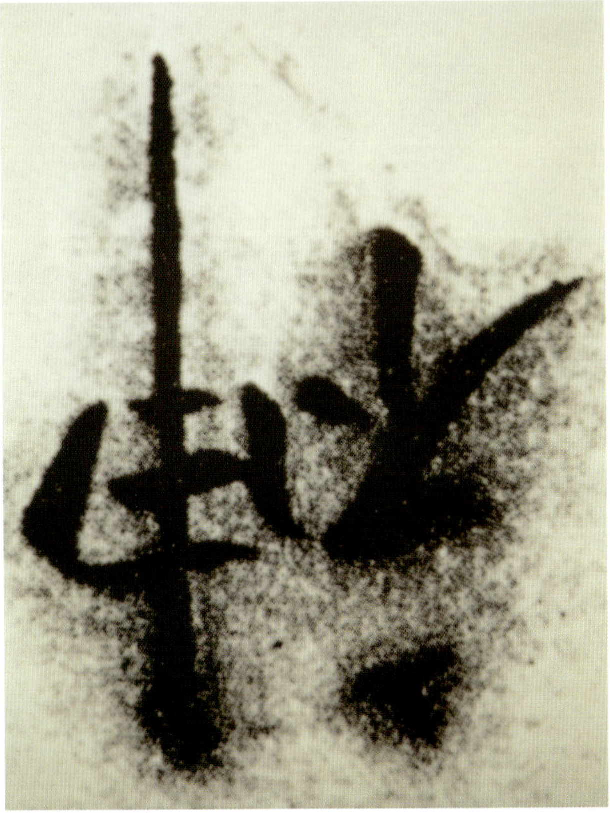

20

20 Bereits um das Jahr 1910 gelangen dem japanischen Professor Tomokichi Fukurai Gedankenfotos, wie die Schriftzeichen »myo ho«.

21 Geist vs. Materie: Wirklich einmalig in den Annalen des Geheimnisvollen sind die Phantomgesichter der beiden Matrosen James T. Courtney und Michael Meehan, die nach dem tragischen Tod der Seeleute längere Zeit dem Tankschiff »S.S. Watertown« folgten.

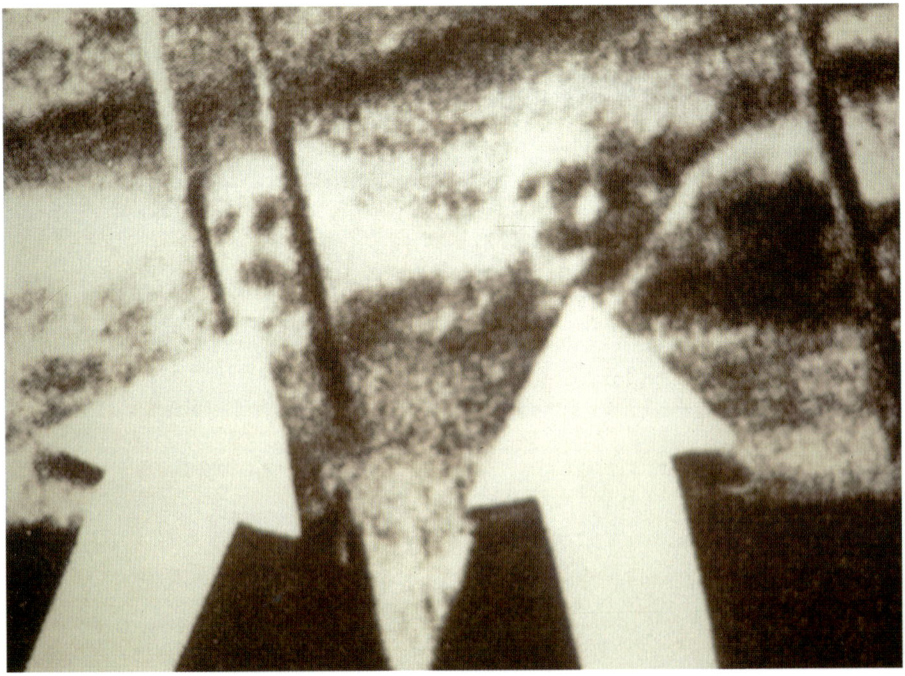

21

Am selben Abend noch führte Charles Ingersoll seinen Eltern den Film vor. Wie groß war die Überraschung, als auf einem Abschnitt des Streifens zu sehen war, wie Charles vorsichtig zum Rand des Grand Canyon ging und mit seiner Kamera Marke *Bosley* ein Foto machte! Im Hintergrund konnte man Autos des Modelljahres 1948 erkennen, und auch die Menschen auf dem Film waren gemäß der Mode jener Zeit gekleidet. Doch auf genau diesem Filmabschnitt war Charles Ingersoll ohne jeden Zweifel zu erkennen. Ein Mann, der *in persona* nachgewiesenermaßen *nicht vor 1955* am Grand Canyon gewesen war!

Verwirrt griff Ingersoll nach der Schachtel, in der dieser seltsame Film gesteckt hatte. »Copyright Castle Films, 1948«, stand in großen Buchstaben aufgedruckt.

Der Rundfunkmann aus Minnesota zeigte einigen seiner Freunde und Bekannten den Film, ohne sie darauf hinzuweisen, dass er selbst darauf zu sehen sei. Doch die Reaktion war jedes Mal die gleiche: »Da ist ja Charlie! Hat Dein Vater den Film gedreht?« Skeptiker, welche von diesem ziemlich verwirrenden Sachverhalt erfuhren, nahmen an, dass der Film produziert wurde, als Ingersoll und dessen Familie vom Grand Canyon zurückgekehrt waren – also erst 1955. Doch dies ist nicht möglich, da zwischen deren Heimreise und dem Kauf des Filmes nicht einmal eine Woche vergangen war. Auch das nachträgliche Einkopieren der fraglichen Stelle kommt, mit an Sicherheit grenzender Wahrscheinlichkeit, nicht in Betracht. Es stellte sich bei einer Untersuchung heraus, dass das gesamte Filmmaterial eine durchgehend gleichmäßige Körnung aufwies. Auch Schnittstellen waren nicht zu erkennen. Und last but not least schwor der Inhaber des Fotoladens, den bewussten Film zuvor seit mehr als einem Jahr in seinem Regal gehabt zu haben.[13]

Hartnäckig fortbestehende Illusion

An dieser Stelle will ich versuchen, ein kurzes Resümee zu ziehen. Wir erkennen, dass das Vorstellungsgebäude, welches wir über Raum und Zeit, Ursachen und Wirkung, Logik und Kausalität zu besitzen glaubten, nun vollends am Zusammenbrechen ist. Und während Physiker, hin und her gerissen zwischen traditionellen Lehrsätzen und hypothetischer Grenzenlosigkeit, noch über eine Machbarkeit von Zeitreisen theoretisieren, scheint die Natur das Problem schon lange gelöst zu haben. Als Beispiele hierfür habe ich eine kleine Auswahl präsentiert, doch mit gesammelten Fällen aus sämtlichen Epochen der Menschheitsgeschichte ließe sich mühelos ein dicker Wälzer füllen.

Wie solche Vorgänge bewerkstelligt werden, welch mysteriöse Mechanismen zu greifen beginnen, wenn die betroffenen Menschen ohne jede Warnung in andere Zeiten, Räume oder Realitätsebenen überwechseln, kann derzeit noch niemand schlüssig beantworten. Ein relativ junger Zweig der Physik, der sich auf solche Fragestellungen einlässt, ist die Quantenmechanik. Sie erforscht jene Elementarteilchen, welche sich offenbar sowohl vorwärts als auch rückwärts in der Zeit bewegen können. Immer lauter stellt man auch in den Kreisen exakter Wissenschaften die Vorstellung einer »gerichteten Zeit« in Frage, die sich einer Einbahnstraße gleich von der Vergangenheit über die Gegenwart in Richtung Zukunft bewegt. Doch schon 1955 hat Albert Einstein – kurz vor seinem Tode – geschrieben, dass Leute, die wie er an die Physik glauben, sich darüber im Klaren seien, dass eine Unterscheidung zwischen Vergangenheit, Gegenwart und Zukunft nur eine äußerst hartnäckig fortbestehende Illusion sei.[46]

Und noch viel früher erkannten die Philosophen des griechischen Altertums, dass wir Menschen mit unseren Sinnen nur einen winzigen Ausschnitt der Realität zu erfassen in der Lage sind. Nur eine ganz geringe Bandbreite des kosmischen Energiespektrums kann von uns wahrgenommen werden, wie ich an anderer Stelle bereits mit dem Beispiel von der »wirklichen« Farbe unseres Himmels verdeutlicht habe. Von einer Abbildung der realen Welt kann somit keine Rede mehr sein. Für unser Auge macht ein Unterschied von 300 Millionstel Millimetern den Farbunterschied zwischen Blau und Rot aus. So ist es auch nicht unwahrscheinlich, dass andere Daseinsformen, Lebensarten und Realitätsebenen nur Bruchteile von Wellenlängen von unserer äußerst unvollkommenen Wahrnehmungsfähigkeit entfernt liegen.[47]

Damit sind wir nicht mehr weit von der Erkenntnis entfernt, dass auch die Grenzen zwischen diesen Realitätsebenen ab und zu sehr durchlässig sind. »Panta rhei – alles fließt«, wusste bereits der alte griechische Philosoph *Heraklit* (550–480 v. Chr.) aus Ephesos seinen Schülern auf den Weg zu geben.

»Wie schön, dass Sie wiedergekommen sind!«

Norwegen und die Länder am Polarkreis haben sich noch recht viel vom Glauben und den Traditionen ihrer Vorfahren erhalten. Trolle, Feen und Naturgeister beherrschen dort die Welt der Sagen und Mythen. Aber auch das Wissen um ungeahnte Kräfte außerhalb unserer Wirklichkeit, die scheinbar losgelöst von sämtlichen Gesetzen von Raum und Zeit, von Ursache und Wirkung, den Gedanken zu ungeahnten

Höhenflügen verhelfen. Oder sie auf konventionelle Weise an ihre Ziele gelangen lassen.

Im Sommer des Jahres 1955 beschloss Erkson Gorique, ein sehr erfolgreicher amerikanischer Geschäftsmann um die fünfzig, einen langgehegten Wunsch endlich wahr werden zu lassen. Gorique hatte sich seit Jahren vorgenommen, nach Norwegen zu fliegen. Er beabsichtigte, dort neue Geschäftsverbindungen anzuknüpfen, besaß er doch eine Importfirma für Porzellan und Glasgeschirr. Er war ein weitgereister Mann, doch bis nach Norwegen hatte er es noch nicht geschafft. Wiederholt hatte er angekündigt, während des Sommers das Land der Fjorde und Gletscher zu besuchen. Doch stets war ihm etwas dazwischengekommen, deshalb konnte er die Reise nicht durchführen.

1955 sollte er es endlich schaffen. Im Juli landete er mit dem Flugzeug in Oslo, fragte nach seiner Ankunft einen Taxifahrer, ob dieser ihm ein Hotel empfehlen könnte. Erkson Gorique kannte keinen einzigen Menschen in Norwegen, doch er war entschlossen, seine Geschäfte auch ohne vorherige Planung auf die Reihe zu bringen. Der Zufall würde es schon richten. Doch groß war sein Erstaunen, als er in jenem vom Taxifahrer empfohlenen Hotel eincheckte! Der Mann an der Rezeption begrüßte ihn freudig mit seinem Namen und erklärte ihm, dass er erfreut sei, ihn hier wieder zu sehen.

Verwirrt von diesem Erlebnis, erwartete ihn schon die nächste Überraschung. Ein Großhändler, zu dem er Kontakt aufgenommen hatte, um mit ihm über den Import von Glasgeschirr zu verhandeln, schüttelte bei ihrer ersten Begegnung seine Hand und sagte: »Wie schön, dass Sie wiedergekommen sind! Beim letzten Mal waren Sie leider so in Eile, dass wir die genaueren Details unseres Geschäftes nicht mehr besprechen konnten.«

Der nun völlig geschockte Amerikaner ließ sich rückwärts in einen Sessel fallen und fragte mit schwacher Stimme, wann denn sein letzter Aufenthalt in Norwegen gewesen sein sollte. Daraufhin berichtete ihm der nicht minder erstaunte Glashändler minutiös von seinem vorangegangenen Besuch. Erst als ihm der Amerikaner glaubhaft nachweisen konnte, dass er tatsächlich noch nie einen Fuß auf norwegischen Boden gesetzt hatte, ließ sein Gastgeber eine Erklärung für das Rätsel verlauten.[13]

Erkson Goriques intensiver Wunsch, endlich einmal in dieses Land zu kommen, muss seinen »Vardögr« vorausgeschickt haben. Im hohen Norden bezeichnet man mit diesem Begriff eine Art »geistigen Vorläufer«, der das Eintreffen der bewussten Person ankündigt oder vorbereitet. Ähnlich wie bei den erwähnten *Tulpas* in Tibet soll sich der *Vardögr* gelegentlich so konkret materialisieren, dass man ihn ohne zu zögern mit einer realen Person verwechselt. Im Gegensatz zu den zum »Leben« erweckten Gedankenformen aus Tibet ist deren norwegischer »Kollege« stets ein Abbild jener Person, die für sein Entstehen verantwortlich ist. Mit anderen Worten: Erwähnter *Vardögr* ist eine Art Doppelgänger, der den Sprung aus einer anderen Realitätsebene in dic unsere geschafft hat.[48]

Erschaffen von dem Wunsch, den Grand Canyon, Norwegen oder was auch immer zu besuchen, während die »echten« Personen daheim mit Arbeit eingedeckt oder sonst wie verhindert sind. Im weiteren Sinne kann dies Phänomen mit dem der *Bilokation* verglichen werden. Doch wie überall, wo wir die Grenzen unserer Realität überschreiten, sind die Grenzen fließend.

Panta rhei ...

5 Here and there and everywhere
Von doppelten Auftritten und flüchtenden Toten

»Nun ritt ich auf dem Fußpfade gegen Drusenheim, und da überfiel mich eine der sonderbarsten Ahnungen. Ich sah nämlich nicht mit den Augen des Leibes, sondern des Geistes, mich mir selbst denselben Weg zu Pferde wieder entgegenkommen, und zwar in einem Kleide, wie ich es nie getragen.«

Johann Wolfgang v. Goethe (1749–1832), »Dichtung und Wahrheit«

Die ehrwürdigen Padres waren völlig außer sich. Wie konnte so etwas nur möglich sein? Das konnte doch nicht mit rechten Dingen zugehen. Hatte der »Leibhaftige« seine Finger im Spiel, oder war ihnen tatsächlich irgendeine ominöse »Konkurrenz« zuvorgekommen?

Man schrieb das Jahr 1630. Gerade war der Franziskanerpater Alonso de Benavida von einer zehnjährigen Reise nach den neuen Kolonien in Amerika zurückgekehrt. Er zählte zu jenen dortmals so zahlreich ausschwärmenden Missionaren, die im Auftrage Roms die Urbevölkerung der »Neuen Welt« zum christlichen Glauben zu bekehren hatten. Mit dem Kreuz, und wenn das nichts half, auch mit dem Schwert. In den Tälern des Rio Grande, dort wo die heutigen Staaten Texas und Mexiko aneinandergrenzen, war Benavida auf den Stamm der Jumano-Indianer gestoßen.

Doch bereits bei seinem allerersten Zusammentreffen mit den Jumanos musste er feststellen, dass er den weiten Weg vergebens angetreten hatte. Denn diese als Jäger und Sammler ihr Dasein fristenden Eingeborenen waren offensichtlich schon zum christlichen Glauben bekehrt worden.

Pater Alonso de Benavidas Verwirrung steigerte sich weiter, als ihm die Jumanos klarmachten, dass ihnen das Christentum von einer geheimnisvollen »Dame in Blau« näher gebracht worden sei. Diese hätte ihre Wunden gepflegt und ihnen von Jesus Christus erzählt, dem Herrn und Retter, von dem sie vorher noch niemals gehört hatten.

»Missionsflüge« in die Neue Welt

Auch einen Beweis für ihre Behauptungen mussten die Jumanos dem Franziskanerpater nicht schuldig bleiben. Sie präsentierten ihm nämlich eine kleine Sammlung von Rosenkränzen, Kreuzen sowie einen Messkelch. Alle diese Kostbarkeiten waren ihnen von jener ominösen Dame im blauen Gewand geschenkt worden. Der von solchen an Hexerei grenzenden Vorfällen zutiefst verunsicherte Priester setzte noch vor seiner Rückkehr in die Heimat mehrere Briefe an Papst Urban VIII. sowie König Philipp IV. von Spanien auf. Er bat darin um Aufklärung, wer ihm da bei seinem Missionierungsauftrag zuvorgekommen war. Denn seines Wissens, und nach den Informationen seines Ordens, hatte noch keines Geistlichen Fuß das Gebiet der Jumanos betreten.

Kloster Agreda, in der Sierra del Moncayo westlich von Zaragoza im Norden von Spanien. Zwischen 1620 und 1631 brachte die junge Ordensschwester Maria Coronel de Agreda die Oberen ihres Klosters immer wieder mit der Behauptung in Verlegenheit, sie würde regelmäßig »Missionsflüge«

unternehmen. Und zwar zu besagtem Indianerstamm der Jumanos, der mehr als 5000 Kilometer Luftlinie westlich von Spanien am Rio Grande lebt. Kein Mensch war indes bereit, ihren Behauptungen Glauben zu schenken, denn sie hatte das Kloster von Agreda nachweislich nicht verlassen. Überdies stellte sie auch noch die – für ihre Zeit – etwas lästerliche Behauptung auf, sie würde die Erde im Verlaufe ihrer Flüge stets als *Kugel* wahrnehmen.

Im Jahre des Herrn 1602 als Tochter streng gläubiger Eltern geboren, erlebte Maria Coronel bereits im Verlauf ihrer frühen Kindheit häufig paranormale Erlebnisse und Visionen. Als Maria in die Pubertät kam, verfiel sie beinahe regelmäßig in ekstatische Trancezustände. Mit 17 Jahren trat sie dann in das Franziskanerinnenkloster zu Agreda ein.

Das von ihr gewählte Leben war karg und von strengster Disziplin geprägt. Maria unterwarf sich langen Phasen des Fastens, zwang sich zu häufigem Schlafverzicht und praktizierte Selbstgeißelung. Zu den erstaunlichsten Eigenschaften, welche sie in der Zeit entwickelte, gehörte die unheimliche Gabe, auf unausgesprochene Gedanken der anderen Schwestern zu antworten. Dazu kam die Fähigkeit zur Levitation, also zum spontanen Schweben.[51]

Aber bekannt wurde Maria Coronel de Agreda durch ihre schließlich zweifelsfrei nachgewiesene Begabung, zur gleichen Zeit an zwei verschiedenen Orten zu sein.

Diese Fähigkeit, gleichzeitig in zwei Realitäten präsent zu sein, wird mit dem Begriff *Bilokation* bezeichnet. Im Gegensatz zu den bizarren Begebenheiten aus dem vorhergegangenen Kapitel scheint sich bei solchen »doppelten Auftritten« eines Menschen an zwei Orten kein zeitunterschiedliches oder parallel existierendes Phänomen zu manifestieren. War dort möglicherweise mehr als eine Zeitebene – oder was immer dabei auch vorgehen mochte – angesprochen, finden bei der Bilokation alle Vorgänge in ein und derselben Zeit statt. Mysteriös ist und bleibt es trotzdem.

Und diese Fähigkeit führte Maria über den Atlantischen Ozean hinweg in eine Wüstenregion, welche die Heimat der Jumanos und ein paar anderer Indianerstämme ist.

Als Pater Alonzo de Benavida von seiner verhinderten Missionierung nach Spanien zurückkehrte, kam ihm die Kunde über die wundersamen Aktivitäten von Schwester Maria zu Ohren. So stattete er dieser bei nächster Gelegenheit einen Besuch in ihrem Kloster ab. Bei einer intensiven Befragung zeigte die Franziskanerin tiefgehende Kenntnisse der Sprache und der Lebensweise der Jumano-Indianer und vermochte sogar einzelne Stammesangehörige exakt zu beschreiben.

Und es gelang ihrem Glaubensbruder, Licht in ein paar Ungereimtheiten zu bringen. Woher stammten die wertvollen sakralen Gegenstände wie Messkelch, Kruzifix und Rosenkränze, welche ihm die Ureinwohner zum Zeichen ihrer Bekehrung vorweisen konnten? Wie der Pater herausfand, waren diese samt und sonders auf unerklärliche Weise aus der Sammlung des Klosters zu Agreda verschwunden. Als Alonzo de Benavida zum ersten Mal Schwester Maria gegenüberstand, da wurde ihm auch klar, warum die Jumanos ihm stets von einer geheimnisvollen »Dame in Blau« erzählt hatten. War es doch die Farbe der Ordenskleidung, die in dem Kloster getragen wurde.[49,50]

Erstaunlicherweise wird dieses Phänomen der Bilokation überdurchschnittlich häufig von Personen mit sehr starker religiöser Prägung berichtet. Unter diesen Fällen ist der des katholischen Moraltheologen Alfonso Maria di Liguori (1696–1787) seitens besonders vieler Augenzeugen bestätigt worden.

Abb. 2: Die Ordensschwester Maria Coronel de Agreda verließ nachweislich nie die Mauern ihres Klosters – trotzdem reiste sie auf mysteriöse Weise mehr als 5000 Kilometer, um die Jumano-Indianer am Rio Grande zu missionieren.

Es war der 17. September 1774. Liguori befand sich zu jener Zeit im Gefängnis von Arezzo, einer Stadt südöstlich von Florenz. An selbigem Tag blieb er in seiner Zelle und verweigerte jede Mahlzeit. Wie seine Bewacher bekundeten, schien er in einen schlafähnlichen Zustand versunken zu sein. Erst fünf Tage später schlug er die Augen wieder auf und erzählte eine reichlich phantastisch klingende Geschichte, die ihm im Gefängnis zunächst niemand glauben wollte.

Obwohl in Arezzo in Haft, habe er am Sterbebett des Papstes Klemens XIV. fünf Tage lang Wache gehalten: vom 17. September, da Alfonso in den Trancezustand verfiel, bis zum 22. September, als Klemens das Zeitliche segnete. Doch diese so unglaubwürdig klingende Aussage sollte bald ihre Bestätigung finden. Berichte, die aus dem Vatikan kamen, besagten, man habe Alfonso tatsächlich unter den Trauernden am Bett des Papstes gesehen.[32]

Rettung aus freiem Fall

Geradezu sprichwörtlich geworden sind die Erscheinungen des seligen Pater Pio aus Apulien – eine Betrachtung über das Phänomen wäre sicher unvollständig, würde man ihn und sein außergewöhnliches Leben ignorieren.

Pater Pio, mit bürgerlichem Namen Francesco Forgione, wurde am 25. Mai 1887 in Pietrelcina, einem kleinen Dorf in Benevent geboren. Als Kind bitterarmer Eltern hatte der kleine Francesco schon ganz früh den Wunsch, sein Leben der Kirche zu weihen und in ein Kloster einzutreten. So trat er im Januar 1903, mit 16 Jahren, in den Kapuzinerorden ein und wurde im August 1910 in der Kathedrale von Benevent zum Priester geweiht.

Aufgrund seines eher schwächlichen Naturells verbrachte Pater Pio, wie er sich nun nannte, seine Zeit meist in verschiedenen Konventen, bis er 1916 nach San Giovanni Rotondo kam. Im Jahr 1918 wurde er dann stigmatisiert, das heißt, dass die Wundmale Jesu an seinen Händen erschienen.

Berühmt jedoch wurde er durch seine Fähigkeit, gleichzeitig an mehreren Orten zu sein, was ihn sein ganzes Leben begleiten sollte. Obschon er die meiste Zeit im Kloster San Giovanni Rotondo im tiefen Süden Italiens zubrachte, wurde er an den »unmöglichsten« Orten gesehen. So kam 1946 eine amerikanische Familie aus Philadelphia ins Kloster, um Pio zu danken. Der Sohn war während des Zweiten Weltkrieges als Bomberpilot über einer Insel im Pazifischen Ozean im Einsatz gewesen. Im Verlauf dieses Feindfluges wurde die Maschine von einem japanischen Kampfflugzeug abgeschossen und explodierte, noch bevor die Soldaten mit ihren Fallschirmen abspringen konnten. Einzig dieser junge Mann aus Philadelphia sprang noch heraus, doch er schaffte es nicht, seinen Fallschirm zu öffnen.

Er wäre todsicher am Boden zerschmettert worden, wäre nicht urplötzlich ein Ordensmann mit weißem Bart und Mönchskutte quasi aus dem Nichts erschienen, der in der Luft schwebte. Er packte den wie vom Donner gerührten Flieger an den Armen und ließ ihn sanft zu Boden schweben. Seine Kameraden wollten ihm das nicht glauben, und auch er selbst hatte keine Ahnung, wer ihn gerettet hatte. Erst später sah er den Mönch auf einem Foto und erfuhr, dass es Pater Pio aus dem fernen Italien war, dem er seine unglaubliche Rettung zu verdanken hatte.[51]

Im Jahr 1956 marschierten sowjetische Truppen in Ungarn ein, das bis dahin einen gemäßigten Kurs gefahren hatte. Viele Menschen wurden als »Feinde des Kommunismus« verhaftet oder sogar hingerichtet. Unter ihnen war auch der ungarische Landeskardinal Josef Mindszenty (1892–1975), der in den Folgejahren seine Zuflucht in der Amerikanischen Botschaft in Budapest fand, was ihm eine lebenslange Haftstrafe ersparte.

Nach dem Überfall der Russen saß er jedoch im Gefängnis und musste seine Gebete und Gottesdienste still und heimlich halten. Dabei erschien eines Tages auf einmal Pater Pio in Mindszentys Zelle und assistierte dem Kardinal beim Lesen der Messe. Später wurde Pio einmal von einem Bekannten des Kardinals darauf angesprochen, wobei er unumwunden zugab, sich in der Zelle des Inhaftierten aufgehalten zu haben.[51]

Die Anzahl von Pater Pios Bilokationen geht in die Tausende, und die römisch-katholische Kirche hat deren Echtheit mittlerweile anerkannt. Als der Pater am 23. September 1968 im Kloster von San Giovanni Rotondo für immer die Augen schloss, hatte ihn seine Fähigkeit längst in aller Welt berühmt gemacht.

Lehrerin im Doppelpack

Ob es die abgeschiedene Lebensweise, irgendwelche ominösen Meditationstechniken oder das Hineinsteigern in eine schon als fanatisch zu bezeichnende Religiosität ist, die bei Leuten wie Pater Pio, Maria Coronel oder Alfonso di Liguori deren Bilokationen forcierten, vermag ich nicht zu bestimmen. Vielleicht ist diese Fähigkeit auch weiter verbreitet als angenommen und gerät als *Atavismus* (natürliche Eigenschaft entfernter Vorfahren) immer mehr in Vergessenheit. Denn auch von Personen weltlicher Prägung wird häufig Ähnliches bezeugt – nicht selten im Fall drohender Gefahren, oder im Angesicht des Todes. Auf eine Begebenheit aus dem Zweiten Weltkrieg komme ich noch später zurück. Nachfolgend möchte ich über eine unheimliche Serie fortgesetzter Bilokationen berichten, welche die Welt in der Mitte des 19. Jahrhunderts in Atem hielt.

Das Mädcheninternat zu Neuwelcke, ungefähr 65 Kilometer von der lettischen Hauptstadt Riga gelegen, erfreute sich dortmals eines hervorragenden Rufs als Erziehungsstätte für Töchter aus gutem Hause. Im Jahre 1845 hatte die Direktion eine neue Lehrkraft engagiert, die 32-jährige Mademoiselle Emilie Sagée, die Französisch und Mathematik unterrichtete. Alles schien bestens, bis es ein paar Wochen später zu sonderbaren Irritationen kam. Fragte man die Schülerinnen, wo sich Mademoiselle Sagée gerade befindet, gab es höchst widersprüchliche Antworten. Einige der Mädchen erklärten, sie sitze in der Bibliothek, während andere behaupteten, sie seien ihr soeben auf der Treppe begegnet. Anfänglich gab man nichts darauf, da man vermutete, die Schülerinnen hätten sich einfach nur geirrt.

Dies änderte sich aber spätestens, als es zu Vorfällen kam, die sich kaum mehr als Täuschung oder Irrtum erklären ließen. Als Mlle. Sagée eines Tages in ihrer Klasse 13 der Mädchen unterrichtete und hierbei gerade etwas an die Wandtafel schrieb, ereignete sich etwas, das die jungen Damen zutiefst schockte. Denn sie sahen plötzlich ihre Lehrerin in doppelter Ausführung vor sich an der Tafel stehen. Eine stand ganz dicht neben der anderen. Sie glichen einander nicht nur bis aufs Haar, sondern führten simultan dieselben Bewegungen aus. Nur in einer Kleinigkeit unterschieden sie sich: Emilies »Doppelgängerin« hatte keine Kreide in der Hand.

Die Unterrichtsstunde wurde auf der Stelle abgebrochen und auf Anweisung der Direktion eine genaue Untersuchung eingeleitet. Schließlich gab es einen guten Ruf zu verlieren, und dies galt es auf jeden Fall zu vermeiden.

Die Ermittlungen ergaben, dass alle anwesenden 13 Schülerinnen die Doppelgängerin von Mlle. Sagée gesehen hatten und sie auch übereinstimmend beschrieben. In den Wochen darauf wiederholte sich das unheimliche Geschehen mehrfach. So erschien das Phantom der jungen Französin einmal beim gemeinsamen Mittagessen. Dieses stand hinter ihrem Stuhl und ahmte alle Handbewegungen der Lehrerin beim Essen nach – nur eben ohne Besteck. Ein weiteres Mal tauchte die Gestalt plötzlich in einem Unterrichtsraum inmitten ihrer Schülerinnen auf und ging dabei stumm auf und ab. Tatsächlich aber lag die Französin zu diesem Zeitpunkt mit einer Erkältung in ihrem Bett.

Ein weiterer mysteriöser Vorfall versetzte wenig später das ganze Pensionat in helle Aufregung. Alle 42 Mädchen der Schule waren am frühen Abend mit Handarbeiten beschäftigt und saßen dabei an einem langen Tisch in der großen Halle im Obergeschoss des Haupthauses. Durch vier große, weitgeöffnete Glastüren war der ganze Garten leicht zu überschauen. Dort befand sich wenige Schritte vom Haus entfernt Mlle. Sagée und pflückte in Gedanken versunken einen Strauß Blumen.

Als eine andere Lehrerin, die zur Aufsicht der Schülerinnen im Raum war, nach einer Weile hinausging, sahen die Mädchen in Richtung auf das nun leere Tischende. Fassungslos und ungläubig mussten sie feststellen, dass auf dem

Lehnstuhl, aus dem gerade erst ihre Aufsicht aufgestanden war, stumm und regungslos, aber in voller Lebensgröße Mlle. Sagée saß. Dabei pflückte die Französin in demselben Augenblick, wie ein Blick in den Garten zeigte, seelenruhig weiter ihre Blumen. Allerdings sah es nun so aus, als seien ihre Bewegungen viel langsamer und schlaffer, als ob sie entweder schläfrig oder völlig entkräftet wäre. Wie in Zeitlupe oder in Trance wirkte die »richtige« Französin unten im Garten.

Leichter Widerstand

Nach einigen Schrecksekunden standen zwei Mädchen, die sich inzwischen an das Phänomen gewöhnt hatten, auf und gingen nach hinten zum Ende des Tisches. Klopfenden Herzens näherten beide sich dem Lehnstuhl und versuchten, die Gestalt zu berühren. Es schien ihnen, als hätten sie einen ganz leichten Widerstand gespürt, vergleichbar dem eines feinen Gewebes. Eine der beiden, die ganz nahe herangegangen war, erklärte sogar, sie hätte mit ihrer Hand mühelos durch die Gestalt hindurchfahren können. In diesem Augenblick hätte sich das Phantom in keiner Weise durch die Mädchen gestört gezeigt. Es blieb noch eine Weile sichtbar und verschwand schließlich. Im selben Augenblick schien es so, als würde sich auch die originale Mlle. Sagée im Garten wieder lebhafter bewegen. Als man ihr von der Erscheinung berichtete, antwortete sie, dass sie gesehen hätte, wie ihre Kollegin fortging, und sich Gedanken gemacht hätte, dass die Mädchen nun ohne jede Aufsicht seien.

Beinahe eineinhalb Jahre, von 1845 bis 1846, erschien jenes

unheimliche Phänomen in beispielloser Serie. Nicht nur Schülerinnen, sondern auch die anderen Lehrkräfte sowie alle Hausangestellte hatten in jener Zeit wiederholt die »Doppelgängerin« zu Gesicht bekommen.

Infolge dieser Vorfälle war die Anzahl der Schülerinnen von ehemals 42 auf nurmehr zwölf zurückgegangen. Die Eltern hatten Hemmungen, ihre heranwachsenden Töchter solch einem »Spukhaus« anzuvertrauen. Obgleich sie eine ausgezeichnete Pädagogin war, wurde Mlle. Emilie Sagée entlassen. Bei dieser Gelegenheit gestand sie ein, dass das nun schon das neunzehnte Mal sei, denn bereits in 18 Lehranstalten zuvor war ihr – aus dem altbekannten Grund – die Tür gewiesen worden. Einmal mehr packte unsere junge Französin verzweifelt ihre Sachen und verließ die Stätte ihres Wirkens.

Jahre später traf eine der früheren Schülerinnen aus dem Internat von Neuwelcke ihre ehemalige Lehrerin auf einem Gutshof als Erzieherin wieder. Mehrere Kleinkinder, welche sie dort zu betreuen hatte, erzählten, dass sie »zwei Tanten Emilie« hätten.

Danach verlor sich ihre Spur.[52,53]

Weil es von da an keine Informationen über den Verbleib der unglücklichen Französin mehr gab, wurde gelegentlich der Wahrheitsgehalt der Geschichte in Zweifel gezogen. Was also wissen wir über die Lehrerin Emilie Sagée? Abgesehen von ihrer immer wieder unterbrochenen Karriere als Pädagogin ist gerade einmal bekannt, dass diese ihr Alter mit 32 Jahren angab, als sie 1845 ihre neue Stelle in Lettland antrat. Und als Geburtsort nannte sie die Stadt Dijon im Osten Frankreichs, Hauptort des Burgund. Folglich musste Mlle. Emilie Sagée dort im Jahre 1813 das Licht der Welt erblickt haben.

Der schon erwähnte französische Astronom Camille Flammarion, der auch als Wissenschaftler stets ein offenes Ohr für alles Ungewöhnliche zwischen Himmel und Erde besaß, recherchierte um das Jahr 1895 herum zu diesem Fall in Dijon. Er fand zwar keine Informationen über eine Familie Sagée, stieß jedoch auf die Geburt eines Kindes mit Namen *Octavie Saget*, das dort am 3. Januar 1813 unehelich zur Welt gekommen war.[54]

Wie die ständig von ihrer Doppelgängerin heimgesuchte Mademoiselle Emilie Sagée wäre Octavie Saget im Jahr 1845 32 Jahre alt gewesen. Entweder wurde die Namensänderung von der Französin selbst vorgenommen, weil sie sich ihrer nichtehelichen Abkunft schämte. Oder die damaligen Zeugen und Beteiligten haben die Schreibweise des Namens nicht korrekt behalten und wiedergegeben. Mögliche Fehlerquellen könnten aber auch in den allerersten Publikationen über den Fall enthalten sein, die aus der Feder des amerikanischen Spiritisten Robert Dale Owen und dessen russischem Kollegen, dem Parapsychologen Alexander Nikolajewitsch Aksakow, stammen.[52,53]

An der Ostfront gefallen

Bevor ich dies Thema um die Erscheinungen von Doppelgängern beschließe, möchte ich nun noch rasch auf einen Vorfall eingehen, wie er in Kriegszeiten sehr oft von Angehörigen berichtet wurde und wird. Unter dramatischen Umständen – wie etwa im Augenblick des Todes – scheint sich jene »zweite Persönlichkeit« buchstäblich abzuspalten, um dann zeitgleich von Personen, die mitunter mehrere tausend Kilometer entfernt sind, geradezu lebensecht wahrgenommen zu werden.

Es war der 25. Februar 1944, kurz nach ein Uhr morgens. Annemarie W. war mit einem Male hellwach. Ein kühler Hauch hatte ihr Gesicht gestreift. »Ich bin es«, hörte sie eine vertraute Stimme sagen.

Im ersten Augenblick dachte sie noch, geträumt zu haben, so unwirklich kam ihr die Szenerie vor. Doch was sie nun erblickte, schnürte ihr die Kehle zu. Ihr Mann Erich stand ganz dicht an ihrem Bett – um ein Haar konnte sie ihn mit der Hand berühren. Dr. med. Erich W. war Oberstabsarzt in einem Lazarett an der Ostfront. Seit mindestens einem Jahr war er nicht mehr auf Heimaturlaub gewesen.

Ungläubig presste Annemarie W. die Hand auf ihren Mund. Eine große Wunde klaffte an der rechten Schläfe ihres Mannes – oder besser gesagt, an dessen Erscheinung. Mit einem unsagbar traurigen Blick waren seine Augen auf seine Frau gerichtet. Danach löste sich die Erscheinung auf. War es ein Albtraum, eine Halluzination? Die Frau war jedoch hellwach. Ein kurzer Blick auf ihren Wecker zeigte drei Minuten nach ein Uhr.

Vier Tage später erreichte sie die Nachricht, dass Oberstabsarzt Dr. Erich W. am 25. Februar 1944 gefallen war, nachdem das Lazarett von der sowjetischen Artillerie beschossen worden war. Nach ein paar Wochen erschien ein früherer Kollege, ebenfalls Arzt in dem gleichen Lazarett, um der Witwe ein paar Halbseligkeiten ihres verstorbenen Mannes zu bringen.

Als Frau W. den Kameraden fragte, ob er ihr die Uhrzeit des Todes ihres Gatten genau sagen könnte, antwortete dieser: »Das weiß ich sogar ganz genau. Es war mitten in der Nacht, so kurz nach ein Uhr.«[55]

Der Tote, der sein Grab verließ

Nun will ich mich aber nicht länger mit Phänomenen wie diesem befassen – geht es in diesem Buch doch überwiegend um dergestalt bizarre Fakten, dass man am Wesen der »Realität« selbst zu zweifeln beginnt. Und da bietet uns das weite Feld rund um den Tod ein ganz erstaunliches Spektrum an Begebenheiten, die uns gnadenlos mit der Erkenntnis konfrontieren, dass wahrhaft nichts so ist, wie es scheint.

Beinahe schon sprichwörtlich in diesem Zusammenhang sind Beteuerungen von – in diesen Fällen wohl wirklich zu Unrecht hingerichteten – Todeskandidaten, deren letzte Worte Ungemach für ihre Richter und Henker ankündigten. Oder der Schwur, dass kein Gras je auf ihren Gräbern wachsen werde. Alles schon mal dagewesen. Und auch nichts im Vergleich zu den Folgen eines tragischen Justizirrtums, der vor nunmehr 150 Jahren in Südafrika seinen Lauf nahm.

Nordöstlich von Kapstadt, inmitten des berühmten südafrikanischen Weinlandes, befindet sich die Stadt *Paarl.* Als im Jahr 1657 der Entdecker Abraham Gabbema in dieses Gebiet vorgedrungen war, fand er die Felsen des dortigen Bergrückens mit Morgentau überzogen vor. Sie glitzerten und funkelten in der aufziehenden Sonne, und so nannte Gabbema den Berg »Diamandt ende Peerlberg – Diamanten- und Perlenberg«. In den darauf folgenden Jahrzehnten verwandelte sich das Naturparadies unterhalb jener glänzenden Felsen, welche heute ein beliebtes Ausflugsziel der dort ansässigen Bevölkerung darstellen, in eine Farmgemeinde, die 1720 nach dem »peerlberg« Paarl genannt wurde. Die ersten Farmen wurden bereits im Jahre 1867 gegründet. Heute ist Paarl mit 110 000 Einwohnern die zweitgrößte Stadt in der Kap-Provinz der Republik Südafrika.[56]

Im Jahre 1956 machte eine Gruppe junger Leute aus Kapstadt während eines Picknicks am Paarl Mountain eine sonderbare Entdeckung. Sie fanden einen großen Grabstein aus edlem schwarzem Marmor, auf dem die Worte eingemeißelt waren: »Zur Erinnerung an John Gebhard – Gesegnet, wer in Gott ruht«. Was hatte diesen einsamen Grabstein in die Wildnis der Paarl-Berge verschlagen? Wurde er auf unkomplizierte Weise »entsorgt«, oder hatten sich Vandalen an dem Stein vergriffen?

Mit an Sicherheit grenzender Wahrscheinlichkeit trifft keine der beiden angedachten Möglichkeiten zu. Denn mit dem Stein ist eine unsagbar bizarre Geschichte verbunden, welche sich nahezu auf den Tag genau einhundert Jahre vor dessen Fund in der Stadt Paarl zugetragen hatte. Von beispielloser Tragik, sorgte sie schon damals für endloses Rätselraten unter sämtlichen Beteiligten.

Am Morgen eines sonnigen Novembertages im Jahre 1856 betrat der Direktor des Zuchthauses von Paarl die Zelle des Häftlings John Gebhard, um den zum Tod Verurteilten mit den letzten Formalitäten seines Lebens zu konfrontieren. Dieser war schuldig gesprochen worden, den französischen Pflanzer Pierre Villiers aus Habgier ermordet zu haben, obwohl er bis zuletzt seine Unschuld hartnäckigst beteuert hatte. Trotzdem erwartete ihn nun der Tod durch den Strang.

Der Anstaltsleiter verlas noch einmal das Urteil und fragte Gebhard, ob er noch etwas zu sagen habe. Jener antwortete kurz und bestimmt: »Ja, ich bin unschuldig!« Und zum ebenfalls anwesenden Pfarrer gewandt, erklärte der Todgeweihte trotzig: »Mein Vater, vergeuden Sie nicht Ihre Zeit. Meinen Körper könnt ihr zerstören, jedoch nicht meine Seele. Selbst meinen Körper werdet ihr nicht zurückbehalten können!«

Danach stieg John Gebhard gefasst die Stufen zum Galgen hinauf. Als ihm der Henker die schwarze Kapuze über den Kopf zog, protestierte er abermals: »Kein Grab und kein Sarg werden mich halten können, denn ich sterbe unschuldig!« Der Scharfrichter streifte dem Delinquenten eine Schlinge über den Kopf, zog sie leicht zusammen und rückte fachmännisch den kunstvoll geknüpften Knoten hinter Gebhards rechtes Ohr. Als nächstes betätigte er einen Hebel, die Falltür schwang nach unten, und mit einem hässlichen, dumpfen Ton brach Gebhards Genick unter dem Gewicht seines eigenen Körpers.

Da der Direktor der Strafanstalt misstrauisch war und glaubte, Freunde des Verurteilten würden versuchen, den Leichnam zu entwenden, kümmerte er sich höchstpersönlich um dessen Bestattung. Zwei Stunden nach der Hinrichtung und den vorgeschriebenen medizinischen Untersuchungen wurde John Gebhard offiziell für tot befunden. Seine sterblichen Überreste wurden in einen einfachen, schwarzen Sarg gelegt, dessen Deckel nicht nur fest zugenagelt, sondern sogar versiegelt wurde. Unter strenger Bewachung beförderte man den Sarg zum ausgehobenen Grab auf dem Gefängnisfriedhof, der auf den Ausläufern der Paarl Mountains lag. Vorsichtshalber errichtete man auf dem Grabe einen schweren Steinhügel, und bewaffnete Soldaten bezogen Posten, welche einander zwei Monate lang Tag und Nacht ablösten. Die Bewacher hatten dafür zu sorgen, dass sich niemand an der Grabstätte zu schaffen machte, was auch nicht geschah.

Acht Wochen später wurde der tatsächliche Mörder von Pierre Villiers entdeckt und festgenommen. Man fand die

Geldbörse des Opfers bei dem Knecht Peter Lorenz, der im Prozess gegen John Gebhard als Hauptbelastungszeuge aufgetreten war. Als die Gendarmen die Schlafstelle von Lorenz durchsuchten, kamen auch Ring und Uhr des ermordeten Pflanzers zum Vorschein. Unter dem massiven Druck dieser Beweise gestand Lorenz den Mord, welchen er Gebhard zuvor so erfolgreich angelastet hatte. Wenn auch spät, nahm die Gerechtigkeit doch noch ihren Lauf.

Noch bevor der unschuldig exekutierte Gebhard offiziell rehabilitiert wurde, verfügte der Gouverneur der Kap-Provinz die sofortige Exhumierung des Gehenkten, damit dieser in geweihter Erde beigesetzt werden konnte. Die Mutter Gebhards begleitete die Beamten und die zur Umbettung abkommandierten Arbeiter. So wurde der Steinhaufen abgetragen und das Erdreich ausgehoben, um den noch nicht verrotteten Sarg hochzuziehen. Schon das Gewicht machte die Totengräber stutzig. Und als sie schließlich die Nägel herausgezogen sowie die unbeschädigten Siegel aufgebrochen hatten, mussten sie verblüfft feststellen, dass der Sarg vollkommen leer war.

Ratlosigkeit und Bestürzung machten sich breit, denn immerhin waren die sterblichen Überreste eines Gehenkten verschwunden, der zu allem Unbill auch noch einem eklatanten Justizirrtum zum Opfer gefallen war. In dieser so prekären Lage ordnete der Gouverneur an, auch die umliegenden Gräber zu öffnen. Doch auch diese Suche blieb ohne Ergebnis. Alle anderen Toten waren noch vorhanden – einzig die Leiche von John Gebhard fehlte! In den darauf folgenden Monaten und Jahren wurde immer wieder einmal stichprobenartig in allen Gräbern des Gefängnisfriedhofes Nachschau gehalten, doch das ominöse Rätsel konnte bis auf den heutigen Tag nicht aufgeklärt werden.[29]

Nur der einsame Grabstein, den die jungen Leute aus dem nahen Kapstadt genau einhundert Jahre später fanden, erinnert an einen Toten, der – so phantastisch es klingt – seinem Grabe zu entfliehen vermochte. Der Stein wurde ins Museum von Paarl gebracht – ins »Oude Pastorie Museum«, das nach der ehemaligen Pfarrei benannt ist, in deren Räumen es heutzutage untergebracht ist. Dort verstaubt das Zeugnis eines unglaublichen und an Bizarrheit kaum zu überbietenden Vorfalls aus den Grauzonen unserer Realität kaum beachtet in einer Ecke.

Wohin der Tote verschwunden sein mag, darüber können wir unsere Phantasie beinahe grenzenlos strapazieren. Offenbar vermögen es ins Unermessliche gesteigerte Gefühle wie Angst und Wut sowie extreme Aggressionen und ein ohnmächtiges Gefühl der Ungerechtigkeit, selbst über den physischen Tod hinaus einen Organismus zu beherrschen. Ob dieser sich nun in so kurzer Zeit »in Luft aufgelöst« hat oder in eine andere Dimension einging, sei im Augenblick dahingestellt.

Es geschieht aber wohl noch häufiger mit *lebenden* Menschen, dass eine andere Realität nicht mehr herauszurücken bereit ist, was sie sich einmal einverleibt hat.

6 Einbahnstraßen des Schicksals
Vereinnahmt von einem »absoluten Anderswo«

»Noch konnte kein einziger Vorfall mit Hilfe von Wissenschaft, Religion, Mystik oder auf andere Weise auch nur annähernd gedeutet werden: Wohin gerieten die betroffenen Menschen und Dinge? Was könnten wir unternehmen, um sie ausfindig zu machen?«

Vincent Gaddis, amerikanischer Phänomene-Forscher

Für viele Menschen, die eine Begegnung mit einer andersartigen Realität erlebten, dürfte ihre Konfrontation mit dem Unbekannten durchaus traumatisierend gewirkt haben. Oder zumindest als Erschütterung ihres bis dato fest gefügten Weltbildes. Denken wir etwa an jene Frau im Museum (vgl. Kap. 4), die zwar in der Halle war, jedoch von den Leuten nicht wahrgenommen werden konnte, welche sich auf die Suche nach ihr begeben hatten. Mit ungezählten anderen Zeugen des Unfassbaren hat sie eins gemein: Sie alle kehrten ins Hier und Jetzt zurück.

Doch zuweilen – und dies gar nicht so selten! – rückt diese andere Realität oder Dimension nicht mehr heraus, was sie sich einmal einverleibt hat.

Nun ist das Verschwinden von Menschen an und für sich nicht ungewöhnlich. Geradezu sprichwörtlich geworden ist der »treusorgende Ehemann«, der vom Fernseher aufsteht und nur schnell eine Schachtel Zigaretten aus dem Automaten oder von der Tankstelle holen will. Monate später kommt dann eine Postkarte aus Afrika oder Brasilien. In jüngster Zeit häuften sich Beispiele mit höchst tragischem Hintergrund. So vermutete das Bundeskriminalamt, dass etliche Deutsche das verheerende Seebeben nach dem Tsunami in Südasien vom 26. Dezember 2004 dazu genutzt haben, sich eine neue Identität zu verschaffen.

Den Ermittlern des BKA zufolge gibt es Anhaltspunkte dafür, dass diese Menschen nur zum Schein »aus dem Leben schieden«, um sich unter einem anderen Namen eine neue Existenz aufzubauen. Diese Naturkatastrophe, bei der über 300 000 Menschen starben, habe Absetzwilligen die ideale Chance geboten, ein neues Leben zu beginnen. Motive für einen fingierten Tod gibt es in unzähligen Variationen: familiäre oder berufliche Probleme, laufende Verfahren und den damit zusammenhängenden Ärger mit Justiz, Polizei oder Finanzämtern, Schulden sowie die Aussicht auf unverhofften Geldsegen aus Lebensversicherungen. Doch die Experten des BKA halten es auf längere Sicht für eher unwahrscheinlich, dass die »Aussteiger« in diesen Fällen keine nachverfolgbaren Spuren hinterlassen.[57]

Viele der Abgängigen hatten weniger Einfluss auf ihr plötzliches Verschwinden. Sie fielen Verbrechen zum Opfer. Doch neben diesen Fällen mit »normalen«, sprich: erklärbaren Ursachen gibt es Ereignisse, deren bizarre Begleitumstände uns, hilflos um Erklärungen ringend, in unserer gewohnten Umgebung zurücklassen. Vor den Augen ihrer entsetzten Angehörigen und Freunde verschwanden und verschwinden Personen, als hätte sich unerwartet eine »Falltür zu anderen Dimensionen« aufgetan.

Und das Phänomen ist scheinbar uralt. Vielleicht sind schon unsere steinzeitlichen Vorfahren spurlos verschwunden, die für ihr Abendessen noch schnell ein *Megaceros* (ein ausgestorbener Ur-Hirsch; HH) erlegen wollten. Was jedoch rein spekulativ ist und nicht mehr nachprüfbar. Häufigste Todesursache in prähistorischer Zeit dürften hungrige Säbelzahntiger gewesen sein. Darum möchte ich im Folgenden über einige der unheimlichsten Vorfälle aus jüngeren Tagen berichten. Bis auf wenige Ausnahmen tauchte keiner der Abgängigen jemals wieder auf.

Abstieg ins Ungewisse

Viele Bergregionen dieser Welt stehen in dem sinistren Ruf, dass dort immer wieder Menschen auf gleichfalls mysteriöse wie unerklärliche Weise verschwinden. Am 13. Juli 1889 bestieg ein Mitglied der Londoner Verleger-Familie Macmillan das in mehrere Gipfel zerteilte Massiv des Olymp im Nordosten der griechischen Landschaft Thessalien. Der Nieder-Olymp nördlich des Tempe-Tals ist 1588 Meter hoch, während der von Südosten steil ansteigende, in der Höhe sanft gewölbte und durch Täler und Kare zerschnittene Hoch-Olymp 2917 Meter misst. Der Letztere galt in der altgriechischen Mythologie als Sitz der Götter.

Mister Macmillan wurde von einem Freund mit Namen Hardinge sowie einem einheimischen Führer begleitet. Zu Pferde machten sich die drei Männer auf den Weg und ritten zu einer zwischen zwei Berggipfeln gelegenen Hochebene. Während Hardinge den höheren Berg ersteigen wollte, entschied sich Macmillan für den niedrigeren. Der Bergführer blieb mit den Pferden der Engländer auf der Hochebene zurück, hielt sich aber in Rufweite der beiden Männer auf. Als

Hardinge den hohen Olymp erklommen hatte, drehte er sich zu Macmillan um und sah ihn auf dem niedrigeren Gipfel stehen. Nachdem sich die beiden zugewunken hatten, begann Macmillan sofort mit dem Abstieg. Hardinge blieb hingegen noch eine Weile oben, um die Aussicht dieses klaren Sommertags zu genießen. Den Abstieg seines Freundes hatte er ständig vor Augen. Dieser hatte schon fast die halbe Strecke nach unten geschafft – doch im nächsten Augenblick war Macmillan plötzlich wie vom Erdboden verschluckt!

Ungläubig starrte Hardinge zum anderen Gipfel hinüber. Aber dort war niemand mehr zu sehen; bis zum Fuß des Berges war der Abhang leer. Er hastete nach unten und traf dort auf den Griechen, der völlig entgeistert den Nieder-Olymp anstarrte. Stammelnd erklärte er, dass er Macmillans Abstieg zur gleichen Zeit beobachtet hatte. Beide sahen ihn den Berghang hinabklettern – und beide sahen ihn im nächsten Moment verschwinden.

Als sie ihre Erstarrung überwunden hatten, suchten sie den Berghang gemeinsam ab. Es fand sich keine Spur des Verschollenen, weder Kleiderfetzen noch abgebrochene Äste oder Fußspuren.

Die Verschwundenen vom Mount Inyangani

Es schien, als hätte er sich buchstäblich in Luft aufgelöst. Später ausgesandte Suchtrupps kehrten gleichfalls unverrichteter Dinge zurück. Dort existierten weder Felsspalten noch Erdhöhlen, in die er gefallen sein konnte. Macmillan war einfach vor den Augen beider Zeugen so spurlos verschwunden, als hätte es ihn niemals gegeben.[58]

Im Jahre 1941 wurde die schweizerische Bergwacht alarmiert, um nach einer Gruppe Bergsteiger zu suchen, die nicht zu ihrem Basislager zurückgekehrt war. Die Retter waren tagelang unterwegs, als sie Fußspuren der Vermissten fanden, die in der Mitte eines Gletschers abrupt aufhörten. Von den Bergsteigern selbst wurde keiner gefunden. Die Schweizer Behörden bezeichneten den Fall seinerzeit als »Verschwinden unter Umständen, welche nach Lage der Dinge nicht klar bestimmt werden können.«[59]

Der Mount Inyangani in Zimbabwe – mit 2592 Metern die höchste Erhebung dieses südafrikanischen Landes – ist eine der interessantesten Bergregionen der Welt, die berüchtigt sind für das plötzliche und unerklärliche Verschwinden zahlreicher Menschen. Nicht zuletzt darum, weil ein paar der Vermissten wieder erschienen sind. Vor wenigen Jahren verschwand ein amtierender Minister der Regierung von Zimbabwe gemeinsam mit zwei Begleitern auf dem südöstlich von Harare gelegenen Berg.

Wie die Männer später aussagten, stolperten sie ziellos und verwirrt umher, ohne Hunger oder Durst zu verspüren. Die ganze Zeit über konnten sie die Rettungsmannschaften sehen, die nach ihnen suchten. Verzweifelt winkten sie ihnen zu, doch die Retter konnten sie offenbar weder sehen noch hören. Der alte Götterglaube ist bei der dort ansässigen Bevölkerung – trotz eifrigster Missionierung – noch recht lebendig, und so wurden Opferzeremonien abgehalten, um die Schutzgötter der Berge zu besänftigen.

Ob es diese Rituale oder andere Ursachen waren, welche dazu führten, dass die Verschollenen wieder in unserem Raum-Zeit-Kontinuum auftauchten, vermag ich nicht zu bestimmen. Doch schon Anfang der 80er-Jahre verschwand am selben Ort ein Beamter der Distriktsverwaltung. Die Ältesten des Tangwena-Stammes wurden über die Situation informiert und dann ein Ritual vollzogen, welches das Wiederkehren des Beamten sicherstellen sollte. Und tatsächlich tauchte dieser am übernächsten Tag wieder »wie aus dem Nichts« auf. Körperlich war er gesund, aber nicht fähig zu berichten, was mit ihm geschehen war.

Am Mount Inyangani verschwanden und verschwinden weiterhin Menschen. Andere hatten indes nicht so viel Glück wie die oben erwähnten Beamten, denn das Schicksal dieser anderen blieb bis auf den heutigen Tag ungeklärt.[59] Wie das der Opfer einer zeitlich begrenzten Serie unheimlichen Verschwindens, die sich vor nunmehr 60 Jahren in Nordamerika abgespielt hat.

Das Geheimnis der Green Mountains

Der unheimliche Kinofilm »The Blair Witch Project« spielte in den Wäldern von Neuengland und zeichnete ein erschreckendes Szenario, in dem Menschen auf unerklärte Weise in dunklen Wäldern verschwinden. Und obwohl die Handlung des Filmes erfunden ist, sind ähnliche Dinge tatsächlich geschehen. Im Verlauf von fünf Jahren sind in den »Green Mountains« von Vermont, südlich der Grenze zu Kanada, neun Menschen spurlos verschwunden. Nur in einem einzigen Fall tauchte eine Leiche auf, was aber nicht zur Lösung des Rätsels beitrug.

Diese Region in Neuengland versetzte ihre Bewohner seit der Ankunft der ersten Einwanderer mit seltsamen Begebenheiten in Angst und Schrecken. Doch nichts ist vergleichbar mit dem rätselhaften und unerklärlichen Verschwinden dieser neun Menschen in der Gegend nördlich des Städtchens Bennington sowie in der Wildnis der Glastenbury Mountains.

Schon die Indianer mieden diesen Landstrich und bestatteten dort nur ihre Toten. Für die Ureinwohner war das Land verflucht, weil sich dort »alle vier Winde treffen«. In ihren alten Überlieferungen ist von einem verzauberten Felsblock die Rede, der jeden verschluckt, der auf ihn tritt. Seit langem sterben dort Menschen eines unnatürlichen Todes, erleiden schweres Unglück oder werden verrückt.

Im Jahr 1892 tötete der Mühlenarbeiter Henry MacDowell seinen Arbeitskollegen Jim Crowley im Rausch. Er wurde zu lebenslänglicher Verwahrung in einem Irrenhaus verurteilt, vermochte aber bald darauf zu fliehen und wurde nie mehr gesehen.

Schaurige Berühmtheit erlangte dieses »Bennington-Dreieck«, wie besagte Region mit Seitenblick auf das berüchtigte »Bermuda-Dreieck« genannt wird, kurz nach Ende des Zweiten Weltkrieges. Am 12. November 1945 leitete der 75-jährige Middie Rivers eine Gruppe von vier Jägern durch das gebirgige Gelände. Es war ein für die Jahreszeit ungewöhnlich milder Tag. Als die Gruppe mit ihrem ortskundigen Führer zu ihrem Lager unweit der *Long Trail Road* und der *Route 9* zurückkehrte, ging Rivers nur wenige Meter vor den Jägern her, und verschwand plötzlich vor deren Augen wie im Nichts.

Kurze Zeit später schon suchte die Polizei mit zahlreichen freiwilligen Helfern die ganze Gegend nach dem sehr erfahrenen Waldläufer ab, doch leider ohne jeden Erfolg. Das einzige, was man von ihm fand, war eine Gewehrpatrone, welche ihm aus dem Gürtel gefallen war, als Rivers an einem Bach Wasser getrunken hatte.

Ein gutes Jahr später, am 1. Dezember 1946, verschwand die 18-jährige Paula Welden, eine Studentin des Bennington College, spurlos in derselben Region. Die junge Frau hatte eine Wandertour am *Long Trail* unternommen, und da sie nicht mehr zu ihrer Schule zurückkehrte, durchkämmten Suchtrupps das ganze Gebiet. Obwohl sich später sogar das FBI in die Ermittlungen einschaltete und eine Belohnung von 5000 US-Dollar ausgesetzt wurde, fand sich von Paula Welden keine Spur.

Auf den Tag drei Jahre danach ereilte einen gewissen James E. Tetford ein noch bizarreres Schicksal. Jener hatte nach einem Verwandtenbesuch in St. Albans den Bus bestiegen und war allem Anschein nach direkt aus diesem Verkehrsmittel heraus in unbekannte Gefilde verschwunden. Seine Anwesenheit wurde noch bis zum letzten Halt *vor* Bennington bezeugt, wo er im Wohnheim für Angehörige der Streitkräfte lebte. Doch als der Bus gleich darauf Bennington erreichte, war James Tetford nicht mehr da. Weder der Busfahrer noch die anderen Fahrgäste vermochten sich zu erklären, was mit ihm geschehen war.

Das nächste Opfer, das sich das »schwarze Loch von Bennington« holte, war der achtjährige Paul Jepson, der am 12. Oktober 1950 wie vom Erdboden verschluckt wurde. Als ihn seine Eltern, welche als Verwalter eines Müllabladeplatzes arbeiteten, nur für kurze Zeit aus den Augen ließen, verschwand dieser ins Unbekannte. Trotz einer sofort eingeleiteten Suche blieb der mit einer auffälligen roten Jacke bekleidete Junge unauffindbar. Mehrere Spürhunde, die Pauls Witterung bis nahe einer Hauptstraße verfolgen konnten, verloren diese ganz plötzlich, als hätte sich das Kind dort einfach in Luft aufgelöst.

Todesursache: unbekannt

Es vergingen gerade 16 Tage, da war am 28. Oktober 1950 das nächste Opfer an der Reihe. Die deutschstämmige Freida Langer unternahm an diesem Tag gemeinsam mit ihrem Cousin Herbert Elsner eine Wanderung durch die Green Mountains. Nachdem sie aus Unachtsamkeit in einen Bach gefallen war, bat Freida Elsner an dieser Stelle auf sie zu warten, weil sie in das nur ein paar hundert Meter entfernte Camp zurückgehen wollte, um sich umzuziehen. Als sie nach geraumer Weile noch immer auf sich warten ließ, ging Elsner zum Lager. Dort aber war Freida nie angekommen. Mrs. Langer kannte die Gegend ziemlich gut, darum war es nach menschlichem Ermessen nicht möglich, dazu noch bei hellem Tageslicht, verloren zu gehen. Auch hier rückten Suchtrupps aus. Zu Fuß, mit Flugzeugen und Helikoptern wurde alles gründlichst abgesucht. Am 11. und 12. November machten sich dann noch einmal insgesamt 300 Soldaten, Polizisten, freiwillige Helfer und Feuerwehrleute auf die Suche, die ebenso vergeblich endete wie die anderen Suchaktionen zuvor.

Ein halbes Jahr später, am 12. Mai 1951, tauchte dann ganz überraschend Freida Langers Leiche auf, und zwar an einer sehr gut einsehbaren Stelle außerhalb des Suchgebietes. Die Ursache ihres Todes konnte jedoch nie festgestellt werden. Der rätselhafte Fall wanderte zu den ungeklärten Akten.

Dies war der einzige Fall der unheimlichen Serie, in dessen Folge ein Abgängiger wieder auftauchte – wenn auch als Leiche. Weitere Menschen, die dort verschollen sind, waren der 13-jährige Melvin Hills, sowie drei Jäger, die am Mount Glastenbury in ihr unbekanntes Schicksal liefen.

Das rätselhafte Verschwinden endete nach 1950, und bis

heute wurde offenbar niemand mehr als vermisst gemeldet. Doch nach wie vor wird über die Ursachen gerätselt. Exotische Hypothesen bemühen Außerirdische oder unbekannte Kreaturen, die sich der Personen bemächtigt hätten. Was im Falle des 75-jährigen Middie Rivers mehr als unwahrscheinlich ist, da dieser doch praktisch in Sichtweite seiner Jagdkollegen wie vom Erdboden verschluckt wurde. Andere spekulierten über einen Serienmörder, der in den Wäldern Vermonts sein Unwesen trieb. Was kaum weniger weit hergeholt scheint, da derartige Verbrecher ihre Taten zumeist an einander sehr ähnlichen Opfern begehen. Doch unterschiedlicher in Geschlecht und Alter als in den erwähnten Fällen könnte ein Opferkreis gar nicht sein. Das einzig Gemeinsame an allen diesen Akten spurlosen Verschwindens war, dass die Menschen in den Monaten Oktober bis Dezember verloren gingen.[60,61,62]

Isländische Alpträume

Wechselten alle diese Verschollenen buchstäblich durch eine Art »Loch in der Welt« ahnungslos in eine andere Realität, die in dieser Region Neuenglands für eine gewisse Zeit eine interdimensionale Pforte ins Unbekannte geöffnet hatte, um ihre Opfer nie mehr herauszugeben?

Die Möglichkeit, dass es solcherart »Pforten« oder »Tore« zu einer unbekannten Welt jenseits der unseren gibt, wird bereits seit langer Zeit diskutiert. Mitunter werden rätselhafte Ereignisse – auch das spurlose Verschwinden von Menschen – mit bestimmten Plätzen ganz explizit in Verbindung gebracht. Dolmen, Megalithbauten und andere Orte der Kraft werden oft als »nicht geheuer« bezeichnet. Oder sogar ganze Landschaften, welche als unheimlich oder gar bösartig charakterisiert werden.

Eine hier kaum bekannte Region dieser Art ist ein unbewohnter und öder Landstrich im Inneren von Island. Die wichtigeren Orte findet man allesamt am Meer, das Binnenland befindet sich fest im Griff einer wilden und ungezähmten Natur. Heiße vulkanische Seen wechseln sich ab mit schlummernden Feuerbergen. Inmitten dieser trostlosen, jedoch grandiosen Albtraumlandschaft befindet sich der 1510 Meter hohe Vulkan *Askja*. Ein ungeheurer Krater von 20 Kilometern Durchmesser, umgeben von einer Mondlandschaft aus Lavafeldern und schwarzer Asche.

Zu dieser geradezu unwirklichen Gegend (vielleicht hat sie Tolkien zu seinem »Mordor« inspiriert) schlugen sich Anfang des 20. Jahrhunderts ein paar deutsche Geologen durch, um die vulkanischen Aktivitäten Islands zu studieren. Sie kamen 1905 im Fischerdorf Husavik an und engagierten einen einheimischen ortskundigen Führer, um in diese Region zu gelangen, die noch heute von den Isländern als unheimlicher, ja geradezu bösartiger Ort gemieden wird.

Obwohl ihnen ihr isländischer Führer dringend davon abgeraten hatte, schlugen die Deutschen ihr Lager an einem Kratersee in jener verlassenen Wüstenei auf. Zwei der Geologen bestiegen ein Schlauchboot, um in die Mitte des warmen Sees zu paddeln.

Als ihr Kollege, der an Land geblieben war, ihnen nachblickte, musste er schockiert feststellen, dass sie plötzlich nicht mehr da waren – die beiden Wissenschaftler waren ohne jede Warnung mitsamt ihrem Boot von der Bildfläche verschwunden.

Nachdem die Behörden alarmiert worden waren, wurde

angeordnet, den ganzen See mit Hilfe von Schleppnetzen gründlich abzusuchen. Doch die zwei deutschen Geologen waren und blieben für immer verschwunden. In diesem Zusammenhang sollte nicht unerwähnt bleiben, dass unter der Bevölkerung Islands jede Menge an Geschichten über unerklärliches Verschwinden, unter teilweise bizarren Umständen, kursieren.[63]

Man muss jedoch nicht unbedingt die öden Weiten Islands aufsuchen, um auf diese Albträume zu stoßen. Reichlich sonderbare Geschichten erzählt man sich über den Lake Whitney, in der Region von Dallas und Fort Worth in Texas gelegen. Seit den 50er-Jahren sollen dort Menschen und Fahrzeuge auf ungewöhnlichste Weise verschwunden sein. Annähernd ein Dutzend Autos kamen durch ungeklärte Ursachen von der Straße ab und versanken im See, sogar Flugzeuge stürzten in die Tiefen. Taucher gingen in voller Ausrüstung verloren, obwohl das Gewässer über keine nennenswerte Unterströmung verfügt.[59]

So befinden wir uns im übertragenen Sinne schon mitten drin im nassen Element – und werden noch staunen, wie viele Menschen in den unergründlichen Wassern unseres blauen Planeten auf ein ungewisses Schicksal trafen. Ein paar unter ihnen verschwanden auf eine nicht nachvollziehbare Weise. Sicher gehen sehr viele Opfer auf das Konto »natürlicher« Ursachen. Und ich habe nicht die Absicht, hier auch nur ein Wort über das ebenso berüchtigte wie vielzitierte »Bermuda-Dreieck« zu verlieren. Ungezählte Autoren haben viel zu viel darüber geschrieben. So möchte ich im Folgenden nur über einen einzigen Fall berichten, der sich im Bereich der Meere zutrug. Er besticht durch seine ungewöhnlich genaue Dokumentierung. In den Annalen des Geheimnisvollen steht er beispiellos da.

Verschwunden vor Cape Disappointment

Einer der größten Schiffsfriedhöfe dieser Welt ist das Mündungsgebiet des Columbia River an der nördlichen Westküste der Vereinigten Staaten. Mitten durch den Fluss verläuft die Grenze zwischen den Bundesstaaten Oregon und Washington. Im Laufe der letzten 200 Jahre forderten die tückischen Gewässer vor der Hafenstadt Astoria und der langgezogenen Halbinsel von Cape Disappointment mehr als 700 Menschenleben. Mindestens 2000 Schiffe aller Größen gingen unter, liefen auf Grund oder verschwanden ganz einfach spurlos.

Selbst bei guten Sichtverhältnissen haben die Schiffe große Probleme, die Mündung des Columbia zu überqueren, wo der mächtige Strom auf die sich oft aufbäumenden Wellen des Pazifischen Ozeans trifft. Segelschiffe hatten es dort besonders schwer, denn zwei natürliche Strömungen in dem von Ablagerungen aufgefüllten Mündungsbereich zwangen sie oftmals, sich seitlich gegen Wind und Wellen zu stemmen.

Kriegs- und Handelsschiffe vieler Flaggen wurden ebenso ein Raub dieses Schiffsfriedhofes wie Fischtrawler und selbst Rettungskreuzer der U. S.-Küstenwache. Vorerst letztes »Opfer« war das Fischerboot »Ida E.«, das 1996 unterging – Gott sei Dank ohne Personenschaden.[64] Doch wirklich einmalig in dieser ganzen Verlustliste sind die mysteriösen Vorgänge rund um das spurlose Verschwinden der gesamten Besatzung der »J. C. Cousins« gegen Ende des 19. Jahrhunderts. Hier war alles ganz anders, und das Wetter gab sich ungewöhnlich moderat. Alles geschah zudem noch unter den aufmerksamen Blicken der Küstenwache sowie weiterer Zeugen bei hellem Tageslicht. In den Annalen der Seefahrt gilt dieser Vorfall bis heute als ungeklärt.

Der Schoner »J. C. Cousins« war ein 26 Meter langer Zweimaster, der ursprünglich als Luxusyacht in San Francisco gebaut worden war. Der Rumpf war mit Kupfer plattiert und seine Aufbauten mit Teak und Mahagoni getäfelt. 1881 wurde der Schoner in der Mündung des Columbia bei Astoria (Oregon) in den Lotsendienst gestellt. In diesen Zeiten herrschten harter Wettbewerb und ruinierende Preiskriege unter den privaten Lotsendiensten, welche hereinkommenden wie ausfahrenden Schiffen den Weg durch die berüchtigte Flussmündung wiesen.

Zwei Jahre hatte sich die »Cousins« bereits gut bewährt, da nahmen die mysteriösen Geschehnisse ihren Lauf. Am Morgen des 6. Oktober 1883 verließ Kapitän Alonzo Zeiber bei strahlendem Wetter Astoria mit zwei Seeleuten und einem Koch an Bord. Sein Auftrag lautete, an der Küste auf die Ankunft einer französischen Bark zu warten, die am nächsten Tag aus Fernost ankommen sollte, um das Schiff in den Hafen zu lotsen.

Gegen Mittag warf die Besatzung mitten im Columbia vor Fort Stevens den Anker aus, um die Flut abzuwarten, die es über die untiefen Sandbänke auf die offene See hinaustreiben sollte. Im Lauf des Nachmittags wurde es von der Besatzung des Schleppers »Mary Taylor« beobachtet, gleichfalls auch von der Küstenwache von Cape Disappointment.

Nachmittags um fünf Uhr lichtete dann die »Cousins« den Anker und trieb mit der Flut jenseits der Flussmündung hinaus. In der folgenden sternenklaren Nacht wurde sie am Leuchtturm von Canby ein weiteres Mal von der Küstenwache gesichtet.

Unter dem klaren Himmel bei Anbruch der Morgendämmerung des 7. Oktober 1883 wehte eine leichte Brise. Die Küstenwache, die den gesamten Hafenverkehr kontrollierte, stellte nun fest, dass das Schiff Kurs auf die offene See genommen hatte, um die Bark zu treffen. Doch plötzlich und ohne ersichtlichen Grund wendete die »J. C. Cousins« und steuerte, ihre Segel gegen den Wind gesetzt, direkt küstenwärts auf die Sandbank von Clatsop Spit. Die Männer vom Küstenwachdienst und eine Reihe weiterer Zeugen starrten voller Entsetzen auf dies irreale Schauspiel. Als das Schiff die äußerste Brandung über der Sandbank erreichte, deutete nichts darauf hin, dass der Anker ausgeworfen oder irgendein rettendes Steuermanöver eingeleitet würde. Hilflos mussten alle Beobachter der Fahrt ins Verderben zusehen. Mit lautem Krachen schlug das Schiff auf der Sandbank von Clatsop Spit auf. Seine Masten schwankten heftig, als die Brecher das Heck peitschten. Fernrohre wurden auf das gestrandete Boot gerichtet, aber man beobachtete keine Seenotsignale, keine Rettungsboote, die herabgelassen worden wären, und niemand, der über Bord gesprungen wäre, um zur Küste zu schwimmen.

Kartoffeln auf dem Herd

Nun begaben sich mehrere Boote der Küstenwache zum Ort des Geschehens. Als sie sich näherten, erhielten sie auf ihre Rufe keine Antwort. Man kletterte an Bord, doch keine Menschenseele war dort zu finden. Alles schien in Ordnung, die Rettungsboote hingen noch in ihren Halterungen. Selbst das Herdfeuer brannte munter in der Kombüse, wo Kartoffeln in einem Topf zerkochten. In der Kajüte war der Tisch gedeckt, doch niemand hatte gegessen. In den Mannschaftsquartieren herrschte Ordnung. Die letzte Eintragung im

Logbuch war bei Sonnenaufgang erfolgt. Käpt'n Zeiber hatte nur Zeit und Ort aufgeschrieben, sowie den Zusatz »alles in Ordnung«.

Aber wo waren sie geblieben? Wie es aussah, mussten die vier Seeleute von einem Atemzug zum nächsten verschwunden sein, wie ein Licht, das man einfach ausknipst. So dehnte man die Suche auf das offene Meer aus. Nach Menschen, die noch am Leben sein könnten, nach Leichen, nach allem, was von dem Schiff stammen könnte. Doch es fand sich nichts.

Man wusste, dass Kapitän Zeiber seinen Leuten verbunden war; er und seine Besatzung genossen gleichsam einen guten Ruf. Bei der folgenden Überprüfung fanden die Versicherungsinspektoren den Schiffsrumpf unbeschädigt und die Steueranlage in einwandfreiem Zustand. Es war ihnen ein komplettes Rätsel, warum das Schiff ganz plötzlich zur Küste zurückgekehrt war. Wochenlang wurden etliche Meilen Küstenlinie überwacht, aber es trieben keinerlei Gegenstände oder gar Leichen an.

Nun kam die Theorie auf, Kapitän Zeiber hätte sich von konkurrierenden Lotsendiensten bestechen lassen, seine Besatzung ermordet und die beschwerten Leichen nachts über Bord geworfen. Dann hätte er das Schiff auf Grund gesetzt und sei geflüchtet. Doch dann hätte die »Cousins« ohne einen Matrosen am Steuerruder nicht so ruhig küstenwärts fahren können. Übrigens gab es in den Folgejahren gelegentlich Gerüchte, man habe den Kapitän in fernen Häfen gesehen. Beispielsweise in Singapur, auf Madagaskar oder in Südamerika. Aber bei jeder Nachprüfung stellten sich diese Gerüchte stets als falsch heraus.

Doch sein Schiff wurde während jener verhängnisvollen Fahrt vom 6. auf den 7. Oktober 1883 von der Küstenwache mit Fernrohren beobachtet. Weitere Zeugen gab es, als sich der Zweimaster der Sandbank näherte. Niemand sah eine Person über Bord springen, und ein Boot hätte man sicher wahrgenommen, doch alle Rettungsboote befanden sich an Bord sicher vertäut. Hätte der Kapitän wirklich ein Verbrechen begangen, hätte er sich wohl einen besseren Plan ausdenken können, als das Schiff vor Augenzeugen auf Sand zu setzen und von Bord zu springen.

Der Schoner konnte übrigens nie von der Sandbank geschleppt werden. Bergungsfirmen bauten Einrichtung und Apparaturen aus. Bis zum folgenden Frühjahr waren die Überreste durch Gezeiten, Wellen und Stürme auseinander gebrochen. Ein langwieriger Prozess vor dem Baratteriegericht konnte den Fall nie klären. Auch die Versicherung weigerte sich, für ein Schiff zu zahlen, das offensichtlich mit Absicht zerstört worden war.[28]

Was nach allen Untersuchungen aber als sicher gelten kann, ist, dass Kapitän Alonzo Zeiber und seine Mannschaft nie wieder auftauchten. Was an Bord der »J. C. Cousins« geschah, wird wohl für alle Zeiten ungeklärt bleiben.

Die letzte Fahrt der »Iron Mountain«

Es sind – zugegeben! – die Möglichkeiten für ein spurloses Verschwinden auf Seen und am Rande der Weltmeere sicher um ein Vielfaches höher als, sagen wir einmal, auf einem Fluss im Landesinneren. Nun höre ich aber schon den lauten Chor all jener Stimmen, die ein Verlorengehen auf einem Fluss, und sei er noch so groß, schlichtweg für unmöglich halten.

Weit gefehlt! Einmal mehr scheint sich die »Binsenwahrheit« zu bestätigen, dass es auf diesem unseren Planeten nichts gibt, was es nicht gibt.

Die zweite Hälfte des 19. Jahrhunderts war die Ära der großen Mississippi-Dampfer. Eines dieser legendären »River-Boats« war die »Iron Mountain«, ein Heckrad-Gigant von 60 Metern Länge und mehr als zehn Metern Breite, der Passagiere und Ladung sicher über den längsten Fluss Nordamerikas beförderte. Bis zum heutigen Tag aber ist das letzte Ziel dieses Flussdampfers ein unergründliches Geheimnis geblieben.

An einem Morgen im Juni 1872 verließ die »Iron Mountain« die Stadt Vicksburg in Mississippi, um mit einer Reihe von Frachtkähnen im Schlepp flussaufwärts zu fahren. Eine Ladung von 400 Ballen feiner Baumwolle sollte nach Louisville (Ohio) gebracht werden. Von dort aus sollte es weitergehen nach Cincinnati und schließlich nach Pittsburgh. An Bord waren 55 Passagiere, doch nichts deutete darauf hin, dass keiner von ihnen je dieses Ziel erreichen sollte.

Ohne Probleme dampfte die »Iron Mountain« via Memphis flussaufwärts, um beim Städtchen Cairo vom Mississippi auf den Ohio zu wechseln. Zwischen diesem Zusammenfluss und der Stadt Louisville muss es dann passiert sein. Beobachter sahen den Heckrad-Dampfer noch um eine Kurve des Ohio verschwinden. Hinter der Flussbiegung aber tauchte das Schiff nicht mehr auf.

Kurze Zeit später sah sich ein anderer, flussabwärts fahrender Heckrad-Dampfer gezwungen, einer Reihe treibender Frachtkähne im letzten Augenblick auszuweichen. Die Besatzung dieses so unvermittelt in Gefahr geratenen Bootes, der »Iroquois Chief«, ärgerte sich natürlich über die Schlamperei, die leicht zu einem gewaltigen Schaden hätte führen können. Doch dann fiel den Matrosen auf, dass die Schleppleinen nicht gerissen waren, sondern ganz bewusst durchgeschnitten. Eine Maßnahme, zu der Flussschiffer nur im äußersten Notfall griffen.

Als die »Iron Mountain« in Louisville überfällig war, machten sich Eigner und Behörden an eine groß angelegte Suchaktion. Die brachte aber nichts, denn das Schiff war und blieb spurlos verschwunden. Wäre es explodiert, dann hätten die Trümmer den Ohio über viele Meilen geradezu bedeckt, insbesondere jene 400 geladenen Baumwollballen. Was immer auch mit dem Schiff geschehen war – es hatte den Dampfer ebenso blitzartig wie ohne jede Spur zu hinterlassen von der Flussoberfläche getilgt. So bleibt sein Schicksal bis heute ungeklärt, und auch von den 55 Passagieren und der Besatzung tauchte kein Mensch je wieder auf.[65]

Die »Titanic der Flüsse«

Nicht einmal ein Jahr war nach diesem Vorfall vergangen, da verschwand ein noch größeres Schiff spurlos auf dem Mississippi von der Bildfläche. Das Aufsehen, das hier folgte, war noch ungleich gewaltiger – handelte es sich doch nicht um irgendeinen Flussdampfer, sondern um die legendäre »Mississippi Queen«. Es war buchstäblich eine »Titanic der Flüsse«, was ihre luxuriöse Ausstattung wie auch den Ruf als schwimmender Palast betraf. Die »Queen« war mit Passagiervormerkungen auf Jahre hinweg ausgebucht. Scharen von Schaulustigen standen an den Ufern des Mississippi, wenn der majestätische Dampfer vorbeizog. Es war eine unvergleichliche Attraktion jener Tage sowie ein bewundernswertes Stück Technik und Ingenieurskunst, das die Menschen in seinen Bann zu ziehen wusste.

So wurde ihr Aufbruch am 17. April 1873 auch wie ein Volksfest gefeiert, als sie in Richtung Süden nach New Orleans ihre Fahrt aufnahm. Gemächlich verschwand sie in der Ferne, doch in New Orleans kam sie nie an.

Als sie schon mehr als zwölf Stunden an ihrem Zielort überfällig war, begann die beunruhigte Reederei Telegramme an alle Stationen auf der Fahrtroute auszusenden. Noch nie zuvor hatte die »Mississippi Queen« Verspätungen gehabt, und auch die Möglichkeiten, auf einem Fluss verloren zu gehen, waren ungleich begrenzter als beispielsweise auf hoher See. Zwar war der größte Fluss Nordamerikas dafür bekannt, von Zeit zu Zeit seinen Lauf zu ändern. Doch in diesem Fall hätte man das Schiff, auf Grund gelaufen, in irgendeinem Nebenarm finden müssen. Ein spurloses Verschwinden schien eigentlich absolut ausgeschlossen. Aber es zeigte sich wieder einmal, dass man zuweilen selbst das Undenkbare in Betracht ziehen sollte.

Aus den antelegraphierten Städten kam die Antwort, dass der Luxusliner nirgendwo länger als vorgesehen Halt gemacht hatte. Überall gab es genügend Zeugen, die auch die Abfahrt des Flussdampfers beobachtet hatten. Ein paar Minuten nach Mitternacht lag die »Mississippi Queen« noch im Fahrplan und auf Kurs. Nur kurze Zeit später verlor sich ihre Spur für immer.

Der zwingende Schluss ließ sich nun nicht länger ignorieren, dass dem Schiff etwas zugestoßen sein könnte. So begann man mit einer groß angelegten Suchaktion, in deren Verlauf die Flussufer systematisch abgesucht wurden. Boote fuhren flussabwärts, zogen Ketten hinter sich her, welche bis zum Flussgrund hinabreichten. Falls auch nur Bruchstücke von dem verschollenen Dampfer unter oder über Wasser getrieben wären, hätte man sie mit Sicherheit aufgefischt.[65]

Doch man fand nichts. Keine Spur von dem Luxusliner und den Passagieren, kein Überbleibsel von der Besatzung, keine Stücke von der Ladung. Was verantwortlich dafür gewesen sein könnte, das mächtige Riverboat so gründlich verschwinden zu lassen, darüber kann bestenfalls spekuliert werden. Es hätte genauso gut in eine andere Realitätsebene gedampft sein können – und vielleicht war die »Mississippi Queen« das auch, wurde von einem Augenblick zum nächsten von einem »absoluten Anderswo« vereinnahmt und nicht mehr herausgegeben.

Eine Angelegenheit von wenigen Metern

Angesichts der vielen und häufig auch von verlässlichen Zeugen dokumentierten »Wege«, die sich für jene, die sie beschritten, als schicksalhafte Einbahnstraßen erweisen sollten, wird in beängstigender Weise klar, dass das Verschwinden zahlreicher Menschen *nicht* auf konventionell erklärbare Ursachen zurückzuführen ist. So kommt man nicht umhin, Akte spurlosen Verschwindens, die sich auf so begrenztem Raum ereignen, als hätte sich für ein paar Sekunden ein Loch geöffnet und wieder geschlossen, einzig als bizarr und grotesk zu bezeichnen. Wie etwa den Fall einer jungen Frau aus Los Angeles, die auf wenigen Metern zwischen Grundstücksgrenze und Haustür verloren ging.

Eine Miss Danya verließ an einem Abend im August des Jahres 1970 das am Stadtrand gelegene Haus ihres Lebensgefährten Mark, um eine Party zu besuchen. Gegen 0.15 Uhr wurde sie von mehreren Partygästen mit dem Auto wieder zurück gebracht und genau vor Marks Haus abgesetzt. Als sie sich mit schnellen Schritten dem Haus näherte, wurde sie von mehreren dort wohnenden Personen deutlich wahrgenommen. Dennoch hat sie den Eingang nie erreicht. Ohne die geringste Spur zu hinterlassen verschwand sie zwischen dem Gehsteig und dem Gebäude – auf einer Strecke, die man in wenigen Sekunden zurücklegen kann.

Für die Ermittler der Polizei schieden die »normalen« Erklärungen aus. Die Straße wie auch das Grundstück waren gut ausgeleuchtet. Niemand hatte Schreie vernommen oder das Auftauchen fremder Personen bemerkt, so dass ein Verbrechen ausgeschlossen werden konnte. Der Fahrer des Wagens, der Miss Danya abgesetzt hatte, konnte sich daran erinnern, dass die junge Frau nach dem Aussteigen sogleich auf das Haus zuging. Alle Aussagen fügten sich zu einem recht genauen Bild vom Ablauf dieser Ereignisse. Allerdings mit dem kleinen »Schönheitsfehler«, dass kein Mensch sagen kann, an welchem Punkt des kurzen Weges die Frau aus unserer Realitätsebene verschwand.[66]

Noch weniger Platz bedurfte es bei einem Fall, der sich vor nunmehr 41 Jahren in einer Forschungsstation auf der Antarktis ereignet hat. Am 7. Mai 1965 verschwand der zu jenem Zeitpunkt 26 Jahre alte Hochfrequenztechniker Carl R. Dish, der im Auftrag des »United States National Bureau of Standards« – der US-Behörde für Normenkontrolle – einen Spezialsender in der Byrd-Station ausprobierte.

Nachdem er sein Kommen telefonisch angekündigt hatte, machte er sich auf den nur wenige Meter langen Weg von der Funkhütte zur Basisstation. Dieser war sogar mit einem Leitseil abgesichert, um bei Schneestürmen zusätzlich Sicherheit zu bieten. Als Dish nach einer Dreiviertelstunde noch immer nicht im Camp angekommen war, machte sich die Besatzung der Byrd-Station mit Kettenfahrzeugen und Schlittenhunden auf die Suche. Sie dauerte drei Tage und wurde schließlich auf ein Gebiet im Umkreis von 60 Kilometern ausgedehnt.

Doch Carl R. Dish wurde nicht gefunden. Bis heute gilt sein Fall als ungelöst. Wenige Tage danach verschwand auch der Hund des Technikers, der sich seinem Herrn stets besonders treu und anhänglich gezeigt hatte.[67]

Gleichgültig, ob die Betreffenden zu Land, Wasser oder auch in der Luft abhanden kamen – eines haben all diese mysteriösen Vorfälle gemeinsam. Sie führen uns nämlich zu zwei unausweichlichen Fragen: Was hat das Verschwinden dieser Personen ausgelöst? Und was ist aus ihnen geworden?

Einer der ersten, der sich an einer Beantwortung der beiden Kardinalfragen versuchte, war der britische Gelehrte Frederic William Henry Myers (1843–1901). Als Gründungsmitglied der renommierten Londoner »Society for Psychical Research« (S. P. R.) wurde er immer wieder mit Vorfällen konfrontiert, bei welchen sich offenbar ein »Riss« aufgetan hatte, der ohne Rückkehr aus unserer so genannten Realität in eine andere führte. Myers war der Ansicht, dass die Opfer besagter Phänomene selbst über eine Art »verborgenes Talent« verfügten. Diese besondere Voraussetzung würde dann ein Zerreißen der gewohnten Strukturen von Materie und Energie bewirken, was letztlich zum Verschwinden der unglücklichen Opfer durch einen Sprung in unserem Raum-Zeit-Gefüge führt.[59] Bei der großen Anzahl ungelöster Fälle unerklärlichen Verschwindens aber fällt es mir schwer, an eine »ausgewählte« Gruppe von Menschen mit besonderen Fähigkeiten zu glauben. Es kann vielmehr jeden von uns zu jeder Zeit, hoffentlich aber nicht an jedem Ort, treffen.

»Gegenverkehr«?

Eine andere Erklärungsmöglichkeit geht mit einem oft in der Parapsychologie beschriebenen Phänomen einher, welches als *Hyloklastie* bezeichnet wird: die Durchdringung von einer Materie durch eine andere. Jenseits aller bühnenreifen Zaubertricks à la David Copperfield existiert sie wirklich, diese unglaubliche Fähigkeit, zum Beispiel eine solide Wand zu durchdringen, ohne Spuren zu hinterlassen. Parapsychologen und unkonventionelle Physiker, welche sich mit diesen noch immer umstrittenen Gedankengängen befassen, vermuten ein Ausweichen der an dem Geschehen beteiligten Materie in oder durch eine höhere Dimension beziehungsweise durch den so genannten *Hyperraum*. Dieser Lösungsansatz ist indes nicht neu: Bereits der deutsche Astrophysiker Johann Karl Friedrich Zöllner (1834–1882) experimentierte wenige Jahre vor seinem Tod in dieser Richtung, um die Existenz einer vierten Dimension sowie des Hyperraumes akademisch nachzuweisen.

Bei seinem berühmt gewordenen »Knotenexperiment« war es dem Forscher im Mai 1878 gelungen, in geschlossene, sprich endlose Lederstreifen echte Knoten zu schlagen, was nach unserem Schulwissen unmöglich ist. Auf physikalisch unerklärliche Weise verschlangen sich die Lederstreifen miteinander, wodurch sie eine Verdrehung in ihrer Längsachse erfuhren.[68]

Andere Überlegungen implizieren die Möglichkeit von spontanen Versetzungen in eine andere Zeitebene. Und wer es noch ein wenig exotischer liebt, der macht in einigen Fällen außerirdische Intelligenzen verantwortlich, die für ihre Experimente immer frische »menschliche Versuchskaninchen« in ihre Flugobjekte entführen. Solange wir jedoch nichts Genaueres wissen, sollten wir versuchen, in fairer Weise alle angebotenen Hypothesen einigermaßen gleichberechtigt zu diskutieren.

Kaum weniger spekulativ sind auch unsere Vorstellungen über das unbekannte Schicksal, welches die Verschollenen erwartete. Haben sie mit dem Leben für die außergewöhnlichen Erfahrungen bezahlen müssen, oder irren sie bis zum Ende ihrer Tage in einer für sie völlig fremden Umgebung, in einer parallelen Realität oder einer vergangenen oder zukünftigen Zeit umher? Vielleicht sehen wir ein klein wenig klarer, wenn wir das Problem – wenigstens in Gedanken – um exakt 180 Grad drehen. Dann müssten sich doch eigentlich, einem »interdimensionalen Gegenverkehr« gleich, auch in unserer »Realitätsebene« Individuen finden lassen, die hier aus uns unerfindlichen Ursachen unfreiwillig gestrandet sind.

Womöglich sogar mit schlimmen Konsequenzen für diese Opfer, die durch eine Verwerfung von Zeit, Raum oder Realität gefallen sind. Taumeln sie umnebelten Geistes durch eine Welt, die nicht die ihre ist? Im Winter 1904/05 tauchten in England mehrere verwirrte Männer auf, die offensichtlich an totaler Amnesie litten. Sie waren nackt, ohne Gedächtnis und sprachen dazu in keiner Sprache, die den untersuchenden Polizeibehörden geläufig war.[69] In einem Fall, über den die »East Anglian Daily Times« am 12. Januar 1905 berichtete, hatte der Unbekannte ein Buch mit Zeichnungen und Texten in einer gänzlich unbekannten Sprache bei sich, mit der er sich auch artikulierte.[3]

Waren es die Opfer unerklärlichen Verschwindens, die zufällig *auf dieser Seite* des Vorhanges aufgetaucht waren, der zwei parallele, real existierende Realitätsebenen voneinander trennt?

Der Mann aus »Tuared«

Ein billiges Hotel in der Stadt Detroit gab den Hintergrund zu einem noch dramatischeren Vorfall. Dort war im Hotel »Uncle Sam« im Winter 1936 ein gut gekleideter Mann abgestiegen, welcher vorgab, einen Autounfall gehabt zu haben und nun auf einen Freund zu warten, der ihm weiterhelfen sollte. Am späteren Abend läutete jener Gast mehrmals nach der Bedienung, ohne dass diese reagiert hätte. Als der Mann daraufhin den Gang betrat, um sich zu beschweren, entschuldigte sich die Serviererin, dass sie gerade Stammgäste bedient hatte. Worauf der Mann entgegnete: »Gut, aber wenigstens ...«

Er brach mitten im Satz ab, und im gleichen Augenblick wurde es stockfinster. Das Serviermädchen stieß einen markerschütternden Schrei aus, denn der mysteriöse Gast begann im Dunklen nun intensiv blau zu leuchten. Er stürzte die Treppe hinunter, rannte durch den Speisesaal und lief in die Nacht hinaus. Der Besitzer des Hotels versuchte noch, ihn zurückzuhalten – dabei erhielt er einen starken elektrischen Schlag.

Als man wenig später das Zimmer des geheimnisvollen Fremden durchsuchte, fand man die üblichen Gepäckstücke, die Reisende so mit sich führen: einen Koffer mit Herrenbekleidung, Mantel und Anzug. Dann aber stieß man auf einen Brief, den der Unbekannte gerade erst zu schreiben begonnen hatte: »Lieber Harry, ich bin gestern hier angekommen in der Hoffnung, Dich anzutreffen. Es tut mir Leid, Dich zu belästigen, aber ich bitte Dich, sofort hierher zu kommen, sobald Du wieder zurück bist. Möglicherweise kannst Du mir helfen. Sonst muss ich für immer in einer Zeit leben, die nicht die meine ist. Ich bin ...«

Nach den Aussagen eines der Gäste im Hotel »Uncle Sam« war jener rätselhafte Fremde schon im Sommer desselben Jahres 1936 in New York beobachtet worden. Auch dort verschwand jener ganz plötzlich, in ein blaues Leuchten gehüllt. Nach jenem Vorfall in Detroit aber wurde er allerdings nicht mehr gesehen.[70]

Eine weitere, recht undurchsichtige Gestalt versetzte Mitte der 1950er-Jahre die japanischen Dienststellen in helle Aufregung. Gewalttätige Proteste überzogen 1954 das »Land der aufgehenden Sonne«, welche sich gegen die amerikanische Militärverwaltung unter General Douglas MacArthur (1880–1964) richteten. Die japanischen Behörden befürchteten, dass diese Unruhen durch ausländische Agitatoren angestiftet und geschürt wurden. Daher verfügten sie, dass die Pässe fremder Staatsangehöriger genauestens auf Unregelmäßigkeiten geprüft werden sollten – auf verräterische Anzeichen für Fälschungen durch Terroristen und regierungsfeindliche Kräfte.

Im Zuge dieser Überprüfungen stießen die Behörden auf einen Hotelgast in Tokio, dessen Papiere in Ordnung zu sein schienen. Es gab nur ein kleines Problem: Die Regierung, die seinen Pass ausgestellt hatte, existierte nicht!

Das Dokument zeigte keinerlei Anzeichen, dass daran herummanipuliert worden war. Das Passfoto war deutlich erkennbar und stimmte mit dem Inhaber überein. Nur waren die japanischen Beamten in der Verlegenheit, dass sie das Herkunftsland des Fremden – eine »Republik Tuared« – in keinem Atlas finden konnten. Allen Beteuerungen des Mannes zum Trotz, dass sein Heimatstaat den größten Teil der Sahara, von Mauretanien im Westen bis zum Sudan im Osten, bedecken würde.

Der ominöse Fall brachte die Japaner in arge Bedrängnis,

und schon bald bekamen auch die Medien Wind von der Sache. Eilends wurde eine Pressekonferenz einberufen, doch auch die Journalisten suchten vergeblich. Ein Ersuchen bei den Vereinten Nationen und der Arabischen Liga verlief gleichsam im Sande. Da der Mann eigenen Angaben zufolge nach Japan gekommen war, um für sein Land Waffen zu kaufen, wurde er festgenommen. Seine Einweisung in eine psychiatrische Anstalt wurde angeordnet, wo er vermutlich seine Tage beschloss, denn man hörte nie wieder von jenem »Fremden in einem fremden Land«.[71]

Nach dieser Geschichte habe ich echt Angst vor der Vorstellung, wer alles in der Psychiatrie oder an noch weit schlimmeren Orten gelandet sein mag, der dort eigentlich nicht hingehört.

»Hüben« wie »drüben« ...

7 Auf der Flucht vor unsichtbaren Angreifern
Von Phantomschützen und Orten des Schreckens

> *»Es gibt nichts, das im Widerspruch zur Natur steht. Höchstens im Widerspruch zu unserem Wissen darüber.«*
>
> Special Agent Dana Scully (»Akte X«), in der Episode »Herrenvolk«

Tonota, eine kleine Stadt im Nordosten Botswanas im Februar 2005. In der »Shashe River School«, einem Internat für Mädchen und Jungen, gehen seltsame Dinge vor sich. Plötzlich ausbrechende Feuer, aber mehr noch Steine, welche wie von unsichtbarer Hand geworfen werden, ängstigen die Schüler. Dessen nicht genug, üben die Mitglieder des Lehrerkollegiums auch noch massivsten Druck auf ihre Schutzbefohlenen aus, kein Wort über die mysteriösen Vorfälle verlauten zu lassen. Nicht einmal ihren Eltern dürfen die traumatisierten Jugendlichen von den zum Teil beängstigenden Vorgängen berichten.

Was war in der Stadt am Grenzfluss zu Botswanas nördlichem Nachbarn Zimbabwe vorgefallen?

Eine Schülerin berichtete, dass in den Nächten Steine durch die Schlafräume des Wohnheims flogen – doch niemand konnte erkennen, woher diese kamen oder wer sie geworfen hatte. Die bereits leicht baufälligen Gebäude waren erst wenige Monate vor diesen »Angriffen aus dem Nichts« von geheimnisvollen Bränden in Mitleidenschaft gezogen worden. Man hatte sie seither nicht renoviert. Ein Schüler der fünften Klasse, der ungenannt bleiben wollte, sagte aus, dass auch die Ursachen der Brände völlig unbekannt seien. »Ich habe erfahren, dass dies bereits ein Jahr vorher losging, bevor wir an diese Schule kamen. Da zog es nur die Unterkünfte der Jungen in Mitleidenschaft, doch in diesem Jahr kamen auch die Räume der Mädchen zu Schaden.«

Keine große Hilfe für die von den rätselhaften Ereignissen geplagten Schüler ist, dass ihnen ausdrücklich verboten wurde, darüber zu sprechen. Die Direktorin der »Shashe River School«, Frau Usinalufu Maunganidze, lehnte gegenüber der Zeitung *Mmegi* mit Verweis auf ihren vollen Terminplan jedweden Kommentar ab. Die Oberin Mrs. Marobela gab gleichfalls keine Stellungnahme ab, wie auch der zuständige Schulbezirksleiter, der die Direktorin bestätigte: »Wenn sie nichts sagen kann, wer bin ich, um mit Ihnen zu sprechen?«[72]

Die unheimlichen Verfolgungen an der »Shashe River School« aber gehen unvermindert weiter.

Solche Angriffe aus einer anderen Realitätsebene, die nicht selten auch ein gezieltes Bombardement mit Steinen beinhalten, kommen häufiger vor und haben auch eine lange »Tradition«. Im September 1903 geriet der Holländer W. G. Grottendieck in Indonesien, im Dschungel der Insel Sumatra, unter solch einen Beschuss. Eines Nachts wurde Mijnheer Grottendieck ungefähr um ein Uhr früh aus dem Schlaf gerissen, als er hörte, wie neben ihm irgendetwas außerhalb seines Moskitonetzes zu Boden fiel. Als er sich umsah, erblickte er auf dem Fußboden eine große Anzahl schwarzer Steine von einem halben bis eineinhalb Zentimeter im Durchmesser.

Im selben Moment gewahrte Grottendieck, dass weiterhin Steine neben ihm zu Boden fielen. Er stand deshalb auf, drehte die Kerosinlampe an, die am Fußende seines Bettes stand. Im

Schein der Lampe konnte er beobachten, dass die Steine in hohem Bogen durch das *geschlossene* Dach fielen und einige davon direkt neben seinem Kopfkissen am Boden aufkamen.

Ein groteskes Spiel

Beunruhigt weckte er nun seinen Kuli, einen jungen Malaien, der im Zimmer nebenan auf dem Fußboden schlief. Der musste sich nun im angrenzenden Urwald umsehen, doch er fand nichts. Trotzdem prasselten die kleinen Steine weiterhin um die Schlafstätte des Holländers herum auf den Boden.

Nun musste der Junge in der Küche nachsehen, ob sich dort jemand aufhielt, der für das Bombardement verantwortlich zu machen wäre. Unterdessen war Grottendieck wieder in den Schlafraum zurückgegangen und konnte beobachten, wie der unheimliche »Regen« weiterging. Er kniete sich neben das Kopfende seines Bettes und versuchte nun, die Steine in der Luft abzufangen. Doch dieses Vorhaben misslang gründlich. Die Geschosse änderten nämlich jedes Mal abrupt die Flugrichtung, sobald der mittlerweile irritierte Mann nach ihnen griff. Er vermochte keinen einzigen dieser kleinen schwarzen Steine zu fangen, bevor diese auf dem Fußboden landeten.

Daraufhin kletterte er an der Wand hoch, die sein Schlafzimmer von dem des jungen Malaien trennte, um sich das Dach näher anzusehen. Dabei konnte er genau beobachten, wie die Steine direkt durch die Schilfabdeckung kamen. Aber es waren keine Löcher zu sehen, durch die sie gekommen wären, und auch hier misslang der Versuch, sie abzufangen.

Mehr noch: Die Steine, hatte es den Anschein, trieben ein groteskes Spiel mit ihm. Mitunter schwebten sie durch die Luft, beschrieben dabei eine Kurve, um mit einem Knall auf dem Boden aufzukommen. Mit einem Knall jedoch, der abnormal laut war, wenn man ihren langsamen Flug in Betracht zog. Und als Grottendieck diese mysteriösen Geschosse vom Boden aufhob, fühlten sie sich warm an, als hätte sie jemand längere Zeit in der Hand gehalten.[73]

Danach hörte der Beschuss ebenso plötzlich auf, wie er angefangen hatte. Parapsychologen machen für diese Manifestationen Poltergeist-Aktivitäten verantwortlich, deren Auslöser pubertierende Jugendliche mit immensen seelischen Spannungen seien. Im Regenwald Sumatras wie in Botswana oder sonst wo. Aber nach wie vor ist unklar, auf welche Weise sie dies zuwege bringen, welche geheimen Mechanismen sie durch jene Kräfte in Gang setzen, die in ihrem Unterbewussten schlummern. So erklärt uns der Ausdruck »Poltergeist« herzlich wenig – denn auch hier wird im engeren und weiteren Sinne ein Tor zu einer anderen Realitätsebene aufgestoßen.[74]

Unsichtbare Heckenschützen

Sind wir bei Vorfällen wie den vorstehend geschilderten also um eine Erklärung nicht verlegen, finden wir uns im Folgenden mehr als ratlos. Wieder einmal auf dem Kriegspfad mit der so genannten Realität. Wen sollten wir auch in die Pflicht nehmen für eine absolut beispiellose Serie von Angriffen und Zerstörungen aus dem Nichts, die über viele Monate diesseits wie jenseits des Atlantischen Ozeans tobte?

An einem der ersten Tage im Mai 1952 zerschmetterte ein unsichtbares »Etwas« die Windschutzscheibe eines Fahrschulautos, das eine junge Frau auf der Landstraße zwischen Scunthorpe und Doncaster in der englischen Grafschaft Lincolnshire steuerte. Trotz intensivster Suche fand sich weder ein Geschoss noch ein Stein, welche den Schaden verursacht haben könnten.

Am 5. Mai wurde an derselben Stelle die Frontscheibe eines Lastwagens getroffen. Und wieder fand sich kein in Frage kommendes Geschoss. Nur einen Tag später zerriss es gleichen Orts eine Scheibe eines bis auf den letzten Platz mit Kindern besetzten Schulbusses in tausende von umherfliegenden Glassplittern. Es klingt unglaublich, aber zum Glück wurde keines der Kinder verletzt.

Die nun endlich eingeschaltete Polizei stand vor einem kompletten Rätsel. Da auch dieses Mal keine Spur irgendeines Projektils gefunden werden konnte, machten allen Ernstes Gerüchte über ein übermütiges, *unsichtbares* Wesen als Urheber jener Attacken die Runde, das die Menschen zwar »auf Teufel komm raus« erschrecken, jedoch nicht verletzen wollte. Vielleicht lag man ja mit dieser Annahme gar nicht so weit von der tatsächlichen Wahrheit. Offenbar war dem unsichtbaren Geisterschützen selbst der Angriff auf den vollbesetzten Schulbus zuviel. So wechselte jener mit seinen Schießübungen auf eine Landstraße zwischen Esther und Cobham in der südostenglischen Grafschaft Surrey – immerhin an die 300 Kilometer von Lincolnshire entfernt. Dort wurde am 9. Mai die Windschutzscheibe des Autofahrers Eric Sykes wie von Geisterhand zerschossen.

Innerhalb von wenigen Tagen musste die Polizei gegenüber der Presse zugeben, dass sie mehr als 20 Fälle zur Untersuchung anstehen hatte, bei denen die Windschutzscheiben von Autos unter mysteriösen Umständen und auf derselben Landstraße zerschossen worden waren. Noch immer fand sich keine Kugel geschweige denn ein Schlüssel zur Lösung der ominösen Affäre.

Am 12. Juni 1952 schlug der Phantomschütze fünf Meilen von Newbury in der Grafschaft Berkshire zu. Bald meldeten zahlreiche Autofahrer auch in dieser Region zerschossene Scheiben. Einige Male verfehlte das Phänomen das Glas und verursachte dafür Löcher in den Türen der Autos. Selbst in diesen Fällen konnten die zu Rate gezogenen Ballistiker weder eine Kugel noch Schrot oder sonstige Rückstände von Geschossen finden.

Die Behörden sahen sich vor die knifflige Aufgabe gestellt, die aufgebrachte Öffentlichkeit mit einer plausibel klingenden Erklärung zu beruhigen. Was alles andere als einfach war. Bald hieß es, dass für die mittlerweile mehr als 100 zerschmetterten Windschutzscheiben einer oder mehrere der nachgenannten Gründe verantwortlich seien: Bruch schlecht eingebauter Scheiben, Vibrationen durch unebene und schnell wechselnde Fahrbahnbeläge, Verwindungen im Aufbau der Fahrzeuge, Temperaturschwankungen sowie zerstörerische Schallwellen aus den Auspuffen vorbeifahrender Fahrzeuge. Was vielmehr dazu führte, das Vertrauen britischer Kraftfahrer in die Autowerkstätten, Straßenmeistereien und Auspuffanlagen nachhaltig zu erschüttern.

Immerhin war dem ebenso mysteriösen wie destruktiven Phänomen jede Menge Aufmerksamkeit zuteil geworden. Experten hatten mehr oder weniger exotisch klingende Erklärungen zum Besten gegeben. Der unsichtbare Heckenschütze schien zufrieden. Nun war für ihn die Zeit gekommen, die für ihren Pragmatismus und Einfallsreichtum berühmten Amerikaner heimzusuchen.

Am 22. September 1952 beschwerten sich etwa fünfzig honorige Geschäftsleute aus Kokomo (Indiana) bei ihrer Polizei, dass irgendjemand Löcher in ihre Schaufensterscheiben geschossen hatte. Fahnder und Ballistik-Experten fanden heraus, dass diese Löcher allesamt gleich groß waren: Eine kleine Durchbohrung im Glas, die jedoch zu klein war, um von einer Kleinkaliber- oder Luftgewehrkugel zu stammen. Charakteristisch für diese Durchschüsse war ein kleiner Krater an der Innenseite des Glases an der Einschlagstelle. Jene in Mitleidenschaft gezogenen Stellen waren nicht größer als ein Vierteldollar, also knappe 25 Millimeter, und befanden sich in Augenhöhe oder ein wenig darüber. Offensichtlich war, dass die Löcher allesamt durch den gleichen Geschosstyp verursacht worden waren. Aber wie zuvor in England konnte nirgendwo auch nur die Spur eines in solchen Waffen benutzten Projektils gefunden werden.

Doch das Glas brach weiterhin

Captain C. C. Unger von der Polizei ordnete ausgiebige Tests mit allen auf dem Markt erhältlichen Luftdruckwaffen an, um so das Fabrikat zu ermitteln, welches für die Schäden verantwortlich sein könnte. Die ballistischen Labors hatten bald Versuche mit einer großen Anzahl Luftgewehre – sowohl aus einheimischer wie auch ausländischer Fertigung – durchgeführt. Jedoch mit keinem der verwendeten Modelle ließen sich jene Einschüsse in den Scheiben nachvollziehen. Es war aussichtslos.

Ungeachtet der erhöhten Wachsamkeit sowohl der Polizei als auch der Einwohner von Kokomo setzte der unsichtbare

Heckenschütze seine unsäglichen Terrorattacken auf die Geschäftswelt der Stadt fort. Die Beamten wurden zunehmend frustrierter. Für sie war es ein glatter Affront, dass ein derartiger Vandalismus auf vergleichsweise engem Raum so beständig fortgesetzt werden konnte, ohne auch nur einen flüchtigen Blick auf den nebelhaften Attentäter freizugeben. Der bloße Gedanke an sich erschien unmöglich, dass eine derartige Schießwütigkeit vonstatten gehen konnte, ohne dass man an den Tatorten auch nur eine einzige abgefeuerte Kugel fand.

Verzweifelt wandte sich Polizeichef Don Scott an die Bevölkerung – mit einem Hilferuf auf der Titelseite der »Kokomo Tribune«, jeden sachdienlichen Hinweis sofort zu melden. Doch kein einziger Bürger von Kokomo konnte etwas zur Klärung der längst nicht mehr lustigen Vorfälle beitragen. Die ganze Stadt schien wie verwirrt und gelähmt.

Damit die Sache noch komplizierter wird, machte der unsichtbare Heckenschütze zur selben Zeit einen kurzen Ausflug in das 21 Meilen nördlich von Kokomo gelegene Städtchen Peru. Was ihm offenbar nicht annähernd soviel Freude gemacht haben mag, denn dort schoss er »nur« auf sechs Scheiben.

Danach war es wohl an der Zeit, das zuverlässige und treffsichere Schießeisen für eine Weile an den Nagel zu hängen. Der Phantomschütze – wer oder was es auch immer gewesen sein mag – zog sich in jene geheimnisvolle Dimension zurück, aus welcher er gekommen sein mochte. Erst im April 1954 fand er wieder die Muße, seinen befremdlichen Jagdgelüsten zu frönen, als er der Versuchung sauber geputzter Autoscheiben in der Stadt Bellingham im US-Bundesstaat Washington erlag. Schon nach einer Woche meldeten die

Zeitungen, dass ein geheimnisvoller »Jemand« mehr als 1500 (eintausendfünfhundert!) Windschutzscheiben zerschossen hatte.

Bellingham war förmlich belagert von den heftigen Aktivitäten des Phantomschützen, und das Magazin »Life« schrieb in der Ausgabe vom 12. April 1954:

»Mit grauenhafter Regelmäßigkeit flogen die kleinen Kugeln durch die Luft und Glas zerbrach, manchmal wurden sogar fahrende Autos beschossen. Doch auch deren Fahrer konnten nie erkennen, was geschah. Das Phantom hatte vor nichts und niemand Respekt. Hässliche, gezackte Schrammen erschienen selbst auf den Windschutzscheiben von Polizeiautos. Aufgebrachte Geschäftsinhaber bespitzelten sich gegenseitig, doch das Glas brach weiterhin entzwei.«

Nun machten die abenteuerlichsten Theorien die Runde, heute würde man bestimmt über Verschwörungen orakeln. Von kosmischen Schwingungen über radioaktiven Fallout bis hin zu eilends herangekarrten Wagenladungen dämonischer Vandalen – nichts war zu verrückt, um nicht als Erklärungsversuch herzuhalten. Aber wie schon zuvor fanden die Ermittler nicht ein einziges Projektil, geschweige denn andere verwertbare Überreste an den Schauplätzen des unheimlichen Geschehens.

»Physikalisch unmöglich«

Am 15. April 1954 entschloss sich dann der unbekannte Sniper, sein privates Jagdrevier auf die viel größere Stadt Seattle zu verlegen. Und dieses Mal wütete das Phänomen wie niemals zuvor. Die »Seattle Daily Times« erschien mit einer

Titelgeschichte, in der gegen jene »Windschutzscheiben bombardierenden Rowdies« vom Leder gezogen wurde, die hunderte von Scheiben in nur einer einzigen Nacht zerstörten. Polizeichef H. J. Lawrence berief eine Sonderkonferenz zur Gründung einer Kommission ein, in der mit vereinten Kräften gegen die zur Epidemie angewachsene Zerstörungswelle vorgegangen werden sollte. Diese hatte sich mittlerweile von Bellingham aus über Seattle und weitere Städte im Norden des Staates Washington ausgedehnt.

»Es bräuchte 200 Leute, um den Schaden zu verursachen, wie in Seattle geschehen«, sagte Polizeichef Lawrence vor der Presse. »Es erscheint physikalisch unmöglich für jede Gruppe, solchen Schaden anzurichten. Eine ganze Lastwagenladung von was immer auch benötigtem Material wäre notwendig, um den Schaden zu verursachen, der Seattle heimgesucht hat.«

Trotz ausgedehnter Versuche von Seiten der Ballistiker der Polizei war es auch in Seattle, wie 19 Monate zuvor in Kokomo, nicht möglich, die mysteriösen Einschusslöcher im Labor nachzumachen. Die Tatsache, dass keine einzige Kleinkaliber-, Schrot- oder Luftgewehrkugel gefunden werden konnte, brachte die ohnehin bedrängten Behörden auf die Palme. Einige der geschädigten Autofahrer hatten ausgesagt, beim Einschlag ein hohes »Pling« gehört zu haben, doch kein Projektil hatte den Weg in die Sitze oder ins Armaturenbrett gefunden.

Am 17. April fielen die erklärten Zerstörer automobilen Glases in drei Bezirken im nördlichen Ohio ein. Der Klang zerberstenden Glases war fortan auch in Los Angeles, Chicago und Cleveland zu vernehmen, ebenso in Kentucky und einigen Staaten an der nördlichen Ostküste sowie in mehreren kanadischen Städten. Schließlich sah ein Zeuge in Port-

22 Es geschah am 19. November 1995: Wer ist dieses mysteriöse Mädchen, das beim Großbrand in der Stadthalle von Wem (westliches England) an der Brüstung stand? Ähnlich wie bei dem Fall der erstickten Matrosen der »S.S. Watertown« manifestierte sich auch hier eine alternative Realitätsebene auf dem Film.

22

23 Die französische Tibet-Forscherin Alexandra David-Néel (1868–1969). Mit ihrer Erschaffung einer »Tulpa« gelang es ihr, konzentrierte Gedanken in eine solch konkrete Form zu bringen, dass das »erdachte« Wesen von Außenstehenden sogar mit tatsächlichen Personen verwechselt wurde.

23

24

25

24 Die Bretagne – geheimnisträchtige Heimat des Zauberers Merlin. Bei Josselin sah die Journalistin Helga G. ein Dorf wie aus vergangenen Jahrhunderten, das ebenso plötzlich verschwand wie es aufgetaucht war.

25 Der italienische Pater Pio (1887–1968) konnte gleichzeitig an mehreren Orten sein. So rettete er im Zweiten Weltkrieg einen US-Soldaten aus freiem Fall, dessen Fallschirm sich nicht geöffnet hatte.

26

26 Ein öder Landstrich im Inneren von Island. In dieser Region verschwanden im Jahre 1905 zwei deutsche Geologen in Sichtweite ihrer Kollegen mitsamt ihrem Schlauchboot spurlos von der unbewegten Wasseroberfläche.

27 »Racetrack Playa« ist ein mehr als 14 Kilometer langer, ausgetrockneter See im Death Valley Kaliforniens und Schauplatz einzigartiger Phänomene.

27

28

28, 29 Seit Jahrhunderten bewegen sich auf dem »Racetrack Playa« im Death Valley Felsbrocken der unterschiedlichsten Größen wie von Geisterhand. Sie rollen nicht, sondern gleiten förmlich über den Wüstenboden – sogar in Formation (oben). Einige der Felsen schlagen auch regelrechte Haken (unten). Bis heute ist das Phänomen ungeklärt – und kein Mensch hat je gesehen, wie sich die Felsen bewegen!

29

land (Oregon) ein paar winzig kleine, runde, schwarze Kügelchen von kaum einem Millimeter im Durchmesser. Eine Frau schilderte, wie seltsame, kleine Kugeln in die Scheibe eines Autos eindrangen und sich »wie sprudelnd« durch das Glas hindurchfraßen.

Leider gab es keine weiteren Zeugen, welche den Bericht der Frau hätten bestätigen können. Und es konnten auch keine jener Kügelchen für Laboruntersuchungen gesichert werden, weil diese sich wahrscheinlich während oder nach dem Hineinfressen in das Glas selbst zerstört hatten.

Zuweilen wird man das Gefühl nicht los, als wäre den Phänomenen am Rand unserer Wirklichkeit nicht gerade daran gelegen, aus ihrer »Grauzone« geholt zu werden.

Streifschüsse aus einer anderen Dimension?

Aber es tauchten Zeugen des immer mysteriöser werdenden Phänomens auf, die erklärten, selbst von den unsichtbaren Projektilen des Geisterschützen getroffen worden zu sein. Mr. und Mrs. May aus dem kanadischen Port Weller fuhren gerade im Auto, als sie einen scharfen, pfeifenden Laut von ihrer Frontscheibe vernahmen. Mrs. May hatte ihre rechte Hand zum Fenster hinausgehalten und verspürte urplötzlich einen scharfen, stechenden Schmerz in ihrem rechten Daumen. Ein Arzt stellte später einen kleinen Striemen fest, der wie verbrannt wirkte. War dies etwa ein »Streifschuss aus einer anderen Dimension«?

Mrs. May war nicht die einzige »Verwundete«. Denn aus Binghampton im US-Bundesstaat New York kam die Nachricht, dass dort ein Mann wegen einer kleinen Fleischwunde ins Krankenhaus kam, nachdem eines jener unsichtbaren Geschosse in seinen Arm eingeschlagen war. Soweit bekannt, waren diese die einzigen Verletzungen, welche von den mysteriösen Projektilen verursacht worden waren. Weitaus schwerer wog da schon der materielle Schaden, der die Geschädigten und Versicherungsgesellschaften fast an den Rand des Offenbarungseides trieb.

Robert Cubbedge, ein Zeitungsreporter aus Cleveland in Ohio wurde zum unfreiwilligen Augenzeugen, wie jener Phantomschütze systematisch 90 Frontscheiben auf dem Gelände eines Gebrauchtwagenhändlers aufs Korn nahm. Cubbedge schrieb später, dass eine ungewöhnliche Art der »Verwandlung« vor ihm ablief. Er sah weder Sand noch Kies oder Kugeln auf die sauber geputzten Windschutzscheiben fliegen. Aber er konnte unzweifelhaft feststellen, dass ein »unheimliches Etwas« die Scheiben aller Autos vor seinen Augen mit Pockennarben übersäte.

Zwei Beamte des Sheriffs von King County (Washington) standen gerade vor dem Lieferwagen eines gewissen Robert M. Noble, als sie voller Entsetzen zusehen mussten, wie es dessen Frontscheibe in tausende Splitter zerriss. Als sie zu ihrem Einsatzwagen gingen, um der Zentrale über Funk Bericht zu erstatten, mussten sie feststellen, dass auch dessen Windschutzscheibe von unbekannten Projektilen völlig durchlöchert war.

Und Manuel Careaga, ein angesehener Notar und Immobilienmakler aus Ensenada in British Columbia (Kanada), hörte, wie irgend etwas dumpf auf die Heckscheibe seines Wagens aufschlug. Als er hielt, um nach dem Rechten zu sehen, konnte er nur noch hilflos zusehen, wie das Rückfenster des Autos »wie Schnee zusammenschmolz«.

In diesen Aprilwochen des Jahres 1954 wurde der landesweite Unmut der geschädigten Autofahrer immer größer. Eine bedeutende Glasfabrik aus Pittsburgh in Pennsylvania erlaubte es ihrem Sprecher, die unzählbar gewordenen Zerstörungen Durchlöcherungen zuzuschreiben, die durch umherfliegenden Sand und Schotter wie auch chemische Enteisungsmittel auf den Straßen verursacht wurden. Was zumindest in geschäftspolitischer Hinsicht äußerst unklug war. Als Vertreter einer großen Glasfabrik hätte er mit Sicherheit besser daran getan, die Theorie eines »unsichtbaren Phantomschützen« aus unbekannten Dimensionen zu favorisieren, als den Verdacht zu nähren, dass seine Firma derart zerbrechliches Sicherheitsglas herstellt, das durch Sand zerstört werden kann, oder »wie Schnee dahinschmilzt«.[13]

Kurz nach dieser etwas unglücklichen Verlautbarung aber beschloss der Geisterschütze offenbar, seine Waffen endgültig an den Nagel zu hängen. Aus welchem Grund, darüber lässt sich ohne Zweifel geteilter Meinung sein. Vielleicht hatte er sich über die oftmals mehr als exotischen Erklärungsversuche totgelacht, und das Problem hatte sich gewissermaßen »von selbst« aus der Welt geschafft. Oder es war die simple Tatsache, dass sogar ein »Spaß« wie das Zerschießen von Scheiben irgendwann selbst dem einfachsten Gemüt langweilig wird. Was auch immer die Ursache war: Von Stund' an hat sich das zerstörerische Phänomen nicht mehr gezeigt. Nordamerika atmete auf.

Wer die Verursacher jener beispiellosen Zerstörungsorgie waren, bleibt im Ungewissen. Menschen »wie du und ich« werden es wohl nicht gewesen sein. Schon Jahrzehnte früher kam es zu Angriffen aus einer unbekannten Realität, welche in Schüssen auf ahnungslose Opfer gipfelten. Zum Teil auch mit letalen Folgen. Der amerikanische Querdenker Charles

Fort (1874–1932) erwähnte in seinem Werk »Wild Talents« drei ungelöste Mordfälle, bei denen die Polizei zu der Theorie Zuflucht nehmen musste, die Mörder hätten ihre Opfer nach vollendeter Tat neu angezogen. Denn diese wiesen Schussverletzungen auf, ohne dass deren Kleidung erkennbar beschädigt war.[75]

Der älteste vergleichbare Fall trug sich im Deutschland des 19. Jahrhunderts zu. Am 2. Oktober 1875 schob ein Arbeiter in der Nähe der Gemeinde Bergen einen Karren. Urplötzlich vernahm er ein Surren, welches zwei mit ihm des Weges ziehende Begleiter nicht wahrnahmen. Ein furchtbarer Schmerz durchzuckte ihn, und im nächsten Augenblick musste er feststellen, dass sein rechter Arm wie von einer Gewehrkugel durchschossen war.[3]

Nur ein Schütze war weit und breit nicht in Sicht.

Mysteriöse Schnitte an Hals und Kopf

Doch auch mit Messern ging es von Seiten jener unsichtbaren Angreifer heftigst zur Sache. Scherzhaft könnte man jetzt sagen, dass sich auch in anderen Realitäten nicht jeder eine Schusswaffe zu leisten vermag.

Am 16. April 1922 wurde ein Mann mit einer klaffende Stichwunde im Nacken in das Londoner »Charing Cross Hospital« eingeliefert. Nach der Herkunft seiner Verletzung befragt, konnte er nur sagen, dass er in eine Querstraße der Coventry Street abgebogen war, ganz unvermittelt einen tiefen Stich im Genick verspürt und gleich darauf zu Boden gestürzt sei.

Nur wenige Stunden danach wurde ein zweiter Mann in

dasselbe Krankenhaus gebracht. Dessen Verletzungsmuster wie auch der Tatort und Tathergang waren absolut identisch mit dem vorangegangenen Fall. Und sogar einen dritten Passanten erwischte es, wiederum ein paar Stunden später am selben Tag, an der Einmündung besagter Querstraße. Auch er wurde auf unerklärliche Weise im Nacken verletzt.[76]

Hier war es bei drei Opfern geblieben. Etwas mehr als dreißig Jahre zuvor geschah Ähnliches in Japan in weitaus größerem Umfang. Dort ereignete sich 1890 eine regelrechte Panik, nachdem wie von unsichtbarer Hand Schnitte von zwei bis drei Zentimetern Länge auf geheimnisvolle Weise an den Hälsen zahlreicher Passanten erschienen.[3]

Die dänische Hafenstadt Horsens, am gleichnamigen Fjord an der Ostküste von Jütland gelegen, war der Schauplatz für einen weiteren unheimlichen Vorfall dieser Art. Am 7. Dezember 1931 hatte der deutsche Frachter »M. S. Brechsee« Horsens angelaufen. Entsetzt musste der Kapitän miterleben, wie ein Mitglied seiner Besatzung während eines Sturmes auf unerklärliche Art verletzt wurde. Vor seinen Augen war wie aus dem Nichts eine vier Zentimeter lange Wunde am Kopf des Matrosen erschienen. Besinnungslos stürzte der Mann daraufhin auf das Deck.[3]

Haarige Heimsuchungen

Angriffe von einer ganz anderen Art hatten über Jahrhunderte hinweg die Bewohner des Fernen Ostens zu erdulden. Es waren dies zwar keine Angriffe auf Leib und Leben, traf die davon in Mitleidenschaft gezogenen Personen jedoch in deren Persönlichkeit. Später wurde das Phänomen einfach als *Massenpanik* abgetan. Im Mai 1876 kam es zu tumultartigen Szenen auf den Straßen der chinesischen Stadt Nanjing. Unsichtbare Missetäter waren unterwegs, um den Männern ihre traditionellen Haarzöpfe abzuschneiden. Was wie von Geisterhand und binnen kürzester Zeit geschah. Im Sommer desselben Jahres griff die Panik dann auch auf andere große Städte in China wie Hangzhou und Shanghai über. Dort wagten sich die Männer zum Schluss nur noch mit nach vorne gelegtem Zopf in der Hand auf die Straßen.

Quacksalber boten Amulette und Zaubermittel an, und ständig waren Soldaten in den Straßen präsent. Man nahm an, dass Säuren verwendet würden, da niemand es für möglich hielt, dass man mit Scheren so schnell zugange sein könnte, ohne dass die Opfer etwas merkten. Man verdächtigte die Verkäufer der »Zaubermittel« ebenso wie übermütige Kinder. Aber auch christliche Missionare kamen in Verdacht, doch das Rätsel konnte nie wirklich geklärt werden.[77]

Früheste Attacken dieser Art, die buchstäblich aus dem »Nirgendwo« kamen, wurden im Reich der Mitte bereits zu Zeiten der Nördlichen Wei-Dynastie (386–534 n. Chr.) verzeichnet. Auch damals schon wurden die Menschen von unsichtbaren Wesen regelrecht terrorisiert. In den Jahren 477 und 517 traf es viele Bewohner der damaligen Hauptstadt Luoyang besonders schlimm. Die Furcht vor den plötzlichen Angriffen hatte im Juli 517 Ausmaße erreicht, welche die Kaiserwitwe Ling mit einem ungewöhnlichen Erlass reagieren ließen. Wer beim Schneiden von Haaren ertappt wurde, der sollte vom Kommandanten der Kaiserlichen Garde persönlich vor dem Stadttor ausgepeitscht werden.

Immer wieder kam es nun im Verlauf der Geschichte Chinas zu jenen rätselhaften Attacken, denen in geradezu »überirdischer« Geschwindigkeit die männliche Haarpracht dieser Tage zum Opfer fiel. Chroniken aus dem September 1844 lassen sich darüber aus, dass die Schuldigen »wie Geister verschwanden«.

Doch kommen wir noch einmal zurück zu den Vorgängen im frühen Sommer des Jahres 1876, als das Phänomen größere Teile des Landes wie eine Epidemie überzog. In Xiamen in der Provinz von Fujian meldeten sich hoch angesehene Bürger bei den Behörden, die ihre Zöpfe bei hellem Tag verloren hatten. Auf sehr belebten Straßen und Plätzen und auf dem Markt, jedoch auch im Theater und selbst daheim hinter sorgfältig verschlossenen Türen. Die Meinungen gingen auseinander, ob es sich bei den Urhebern um Menschen oder »Geister« handelte. Eine veritable Hexenjagd setzte ein, und so mancher etwas aus dem Rahmen fallende Zeitgenosse fand sich auf den leisesten Verdacht hin im Gefängnis eingekerkert wieder.[77,78]

Erst zu Beginn des 20. Jahrhunderts fand der ganze Spuk ein rasches Ende. Seit der Revolution von 1911, die im Jahr darauf zur Abdankung des letzten Kaisers Pu Yi führte, tragen nämlich die allermeisten Chinesen kurze Haare. Das Phänomen gehört der Vergangenheit an, weil es ganz unvermittelt sein Betätigungsfeld verloren hat.

Heute werden die Vorfälle als Massenpsychose abgetan. Zeitgenössische Psychologen sehen hierin ein Beispiel für panische Reaktionen auf ungewöhnliche Situationen. Und für die Anhänger Freud'scher Lehrsätze lauern natürlich sexuelle Befindlichkeiten oder Ängste, die auf die ehemals lange Haartracht der Chinesen projiziert werden, hinter diesen »Attacken aus dem Anderswo«.

Aber schimmert hinter der dünnen Maske des allgegenwärtigen Rationalismus nicht doch die Möglichkeit durch, dass hier eine gänzlich andere Realität die hauchdünne Grenze zu unserer Welt überschritten hat?

Orte des Schreckens und Landschaften der Panik

Nun staune ich beinahe selbst ein wenig über diese diversen Bedrohungen und Angriffe, welche sich uns zuweilen aus den ungewöhnlichsten Richtungen nähern. Von den unsichtbaren Steinewerfern und destruktiven Phantomschützen bis hin zu körperlosen Messerakrobaten und ungebetenen Friseuren, die der traditionellen chinesischen Haarmode vor 1911 den Garaus machten. Und alles ohne Anspruch auf Vollständigkeit. Denn es gäbe unzählige weitere Kategorien von Angriffen aus anderen Realitäten zu erwähnen – speziell wenn diese mit Besessenheit und Poltergeistern in Verbindung gebracht werden –, doch darüber wurde bereits mehr als genug geschrieben. Kein Wiederholungsbedarf!

Hier möchte ich nämlich auf eine vollkommen andere Form der Bedrohung eingehen, über die in der einschlägigen Literatur so gut wie nichts zu lesen steht. Wer von uns hat es noch nie verspürt, dieses seltsame, zutiefst beunruhigende Gefühl, das uns ohne jede Warnung beschleicht und in eine unsagbare Panik münden kann? Ich meine hier nicht jene »negativen Schwingungen«, die Sensitive zu erfühlen glauben, wenn sie sich an Schauplätzen einstigen Unheils aufhalten. Das, um was es hier geht, ist offenbar befähigt, zu jeder

Zeit sowie an jedem Ort nach jedem von uns zu greifen. Und das nicht etwa zu dunkler Stunde, sondern vielmehr am helllichten Tag.

Ist es denkbar, dass wir an gewissen Orten und Landschaften von irgendetwas Unbestimmtem heimgesucht werden, das uns heillos in Angst und Schrecken versetzen kann?

Ich bin mir sicher, dass sich 99 von 100 Zeitgenossen nicht darüber bewusst sind, woher der Begriff *Panik* kommt. Die plötzliche, angstvolle und kopflose Erregung, welche bei unerwartet hereinbrechender Gefahr (ob tatsächlich oder nur vermutet, ist zweitrangig) auftritt, geht auf den altgriechischen Hirtengott *Pan* zurück. Der mit Bockshörnern dargestellte Gott, der später die christlichen Vorstellungen vom Teufel stark beeinflusst hat, war gefürchtet für jenen »panischen Schrecken«, den er während der sonnendurchfluteten Mittagsstunden verbreitete.

Und wenn wir auch längst gelernt haben, solche archaischen Gottheiten als Ausgeburten romantischer Sagen und Epen zu verdrängen, scheinen doch noch immer geheimnisvolle Kräfte rings um uns zu walten. Versehen mit der unbedingten Macht, unser unzulängliches Gefühl der Sicherheit wie ein Kartenhaus im Wind zusammenklappen zu lassen.

Der britische Aristokrat John Buchan (eig. Lord Tweedsmuir) machte sich Anfangs des 20. Jahrhunderts sowohl als Gouverneur Kanadas wie auch als Romanschriftsteller einen Namen. Im Sommer des Jahres 1910 hielt er sich in Partenkirchen auf, von wo aus er sich eines sehr frühen Morgens aufmachte, die Alpspitze im Wettersteingebirge zu ersteigen. Begleitet von einem jungen Förster mit Namen Sebastian, erreichte er den Gipfel schon um neun Uhr früh.

Nachdem die beiden darauf in einem Wirtshaus am Berg gefrühstückt hatten, machten sie sich wieder auf den etwa zehn Kilometer langen Rückweg.

Es war ein wolkenloser Sommertag, der recht heiß zu werden versprach. Zum Glück führte der Weg auch durch schattige Waldgebiete, vorbei an blühenden Wiesen. Plötzlich bemerkte Buchan, wie sein Begleiter kalkweiß im Gesicht geworden war. Der kalte Schweiß stand ihm auf der Stirn, und sein Blick war vollkommen starr. Der Förster wagte weder nach rechts noch links zu sehen und begann schließlich loszulaufen. Auch der Engländer rannte nun wie von Furien gehetzt los – ihm war, als würde ihn irgendeine Kraft treiben, die nicht aus ihm kam. Auch ihn hatte eine finstere, unbestimmte Furcht im Griff.

Vor Angst gestorben?

Beide liefen wie um ihr Leben. Sie brachen durch Lichtungen und Dickichte, kollidierten gegenseitig und mit Bäumen, sprangen über Felsen und Gräben. Und die ganze wilde Flucht ging in gespenstischer Stille vonstatten. Schließlich fanden sie sich total erschöpft am Rand der Hauptstraße wieder, die nach Partenkirchen führte. Den Rest des Weges über sprachen sie kein Wort – nicht einmal, sich anzusehen, wagten sie.[79]

Nicht die bayerischen Berge, sondern die schottischen Highlands liefern den schaurigen Hintergrund zu einem unheimlichen Erlebnis, das die britische Autorin Joan Grant in grenzenlosen Schrecken versetzte. Und Jahre später für ein »tödliches Nachspiel« sorgte. Im August 1928 hielt sich die

Autorin gemeinsam mit ihrem Mann Leslie in einer Jagdhütte nahe Grantown-on-Spey auf. An einem dieser Tage begaben sie sich nach Rothiemurchus, von wo aus sie in den Cairngorm Mountains umherzuwandern beabsichtigten, einem bis über 1300 Meter hohen Bergstock des zentralen Hochlandes. Doch der Spätsommertag erwies sich als noch immer zu heiß für ernsthaftes Bergwandern, darum beließ man es bei einem entspannenden Spaziergang.

Nicht die Spur eines Anzeichens deutete darauf hin, dass etwas nicht in Ordnung wäre. Und doch wurde Mrs. Grant plötzlich von einem grenzenlosen Horror erfasst, dass sie auf der Stelle kehrt machte und in die Richtung zurücklief, aus der sie beide gekommen waren. Ihr Mann folgte ihr, flehte sie an, ihm zu sagen, was geschehen sei. Doch sie hatte nurmehr soviel Atem, um ihn zu drängen, er möge noch schneller laufen.

In ihrer Autobiographie beschrieb Joan Grant die bedrückende Situation, die sich ihr unauslöschlich eingeprägt hatte:

»Irgendetwas äußerst Bösartiges, Vierbeiniges, und doch auf unanständige Weise Menschliches, unsichtbar, aber doch fest genug, um mich das Schlagen seiner Hufe hören zu lassen, setzte mir nach und versuchte mich einzuholen. Hätte es mich erreicht, wäre ich verloren gewesen, denn mein Schrecken hatte mich derart gelähmt, dass ich mich nicht hätte wehren können. Ich rannte noch eine halbe Meile, bis ich durch eine unsichtbare Barriere brach, hinter der ich mich in Sicherheit wusste.«[80]

Ein paar Jahre später war Joan wieder in derselben Gegend. Bei dieser Gelegenheit erfuhr sie von dem örtlichen Landarzt, dass zwei Wanderer exakt an jener Stelle tot aufgefunden worden waren, an der sie selbst in so schreckliche Panik geraten war. Beide Männer waren unter 30 Jahren, das Wetter war sehr schön gewesen, und sie hatten die Nacht zuvor gut unter einem Schutzdach auf dem höchsten Bergkamm verbracht. Dies ging aus ihrem Eintrag in das Gipfelbuch hervor, das dort auslag.

Als man sie fand, lagen sie etwa 100 Meter voneinander entfernt, mit dem Gesicht nach unten und alle Viere von sich gestreckt, als ob sie mitten in der Flucht der Länge nach hingefallen wären. Der Landarzt führte eine Autopsie durch, bei der er zum Ergebnis kam, dass er nie zuvor gesündere Körper gesehen hätte. Nichts bei den beiden armen Kerlen schien falsch gelaufen zu sein – bis auf die Kleinigkeit, dass ihre Herzen einfach stehen geblieben waren. In den Totenschein trug er bei beiden als Todesursache »Herzversagen« ein. Doch nichts vermochte ihn davon abzubringen, dass die beiden Männer in Wirklichkeit durch panische Furcht gestorben waren.[80]

Das Tal der sieben Tode

Wenn also tatsächlich etwas daran ist, dass gewisse Regionen eine schreckliche, unsichtbare Bedrohung für jene, die sie betreten, bergen, dann müssen wir uns über eine sinistre Gegend in Indien nicht wundern. Die genaue geographische Lage des so genannten »Tales der sieben Tode« halten die Behörden Neu Delhis seit Jahrzehnten geheim. Damit soll verhindert werden, dass ein paar Wahnsinnige, angelockt von Sagen und wilden Gerüchten, noch einmal eine Expedition ohne Wiederkehr wagen, wie dies gegen Ende des 19. Jahrhunderts geschah.

Der Abenteurer Graham Dickford gehörte zu jener Sorte unbelehrbarer Glücksritter, von denen es in den Jahren des British Empire nur so wimmelte. Vor allem in den Kolonien am Rande der Zivilisation – und dazu gehörte Indien in jenen Tagen – ließen solche Leute nichts unversucht, schnell zu Reichtum zu kommen. Dabei setzten sie oft genug ihr eigenes, aber noch viel häufiger das Leben anderer Menschen aufs Spiel.

Die britischen Behörden Indiens erfuhren 1892 von der Existenz Dickfords, als dieser in elender Verfassung in ein Hospital eingeliefert wurde. Stammelnd und in grotesken Satzfetzen berichtete der Abenteurer von seinen grauenvollen Erlebnissen. Gemeinsam mit ein paar Burschen seines Schlages war es ihm gelungen, ein mysteriöses Tal im Herzen des Dschungels aufzustöbern und dort einzudringen. Ein paar Inder hatten ihm erzählt, dass sich darin ein Tempel mit unbeschreiblichen Schätzen befände. Doch statt des erhofften Goldes hatte er eine Vielzahl der unglaublichsten Schrecken gefunden.

Alle seine Gefährten waren ums Leben gekommen. Und Dickford selbst, dem zwar fürs erste die Flucht aus der Hölle gelungen war, blieben nur noch wenige Tage zu leben. Ein starkes Fieber schüttelte ihn unaufhörlich, auf seinem über und über mit Wunden bedeckten Kopf war kein einziges Haar mehr, und sein Körper wies grauenhafte Verbrennungen auf. Im Delirium gab er einen immer wieder von halb erstickten Schreien unterbrochenen Bericht ab. Er beschwor »große, fliegende Feuer«, »Schatten in der Nacht« und »Gespenster, deren Blicke töten«. Wilde Phantasien im Angesicht des nahen Todes?

Vergeblich versuchten Ärzte und Pfleger eine verständlichere Version seiner Geschichte aus ihm herauszubringen. Indessen gerieten seine Schilderungen von Stunde zu Stunde verworrener, und nur drei Tage, nachdem man den Abenteurer gefunden hatte, verstarb der Mann. Es war einfach grauenhaft: Dickford schrie schrecklich und schlug in Panik um sich, so dass die indischen Krankenpfleger vor Schreck davonliefen.

Graham Dickfords Geschichte im Fieber war der erste Bericht über jenes höllische Tal. Niemand schenkte den Worten Glauben, bis 1906 eine von den britischen Behörden organisierte Expedition die Erzählungen des unglücklichen Schatzjägers bestätigte. Zwei Todesopfer kostete sie der Besuch des Tales, das dann als »Hexenkessel der Natur« bezeichnet wurde.

Offenbar beherbergt diese todbringende Landschaft ein paar der giftigsten Schlangen des Subkontinents; ebenso sollen dort auch jede Menge giftiger Pflanzen üppig gedeihen. Über alledem schwebt das »große fliegende Feuer«, das der Leiter der britischen Expedition wie folgt beschrieb:

»Man braucht nur eine kleine Flamme anzuzünden, sofort wird der Boden von einem höllischen Brausen erschüttert und von einem Ende des Tals zum andern springt eine enorme Stichflamme.«

Grauenvolle Entdeckung

Die beiden britischen Forscher kamen unter äußerst merkwürdigen Umständen ums Leben. Sie waren in einen engen »Trichter« hinabgestiegen und begannen ganz plötzlich bizarre, verworrene Bewegungen zu vollführen. Schließlich sanken sie tot zu Boden. Die zu Hilfe eilenden Kameraden konnten nur noch deren Leichen bergen, sich auch nicht lange am Ort des namenlosen Schreckens aufhalten, da sie recht schnell Betäubungs- und Erstickungssymptome bei sich selbst wahrnahmen. Während der folgenden Nacht wurden sie von grässlichen Albträumen geplagt, und noch tagelang litten sie an permanenter Übelkeit.

Im Jahre 1911 wagte sich eine zweite Expedition in das Tal. Von den sieben Männern – alles alte Dschungelkenner, die schon vielen Gefahren getrotzt hatten – kamen nur zwei lebend zurück. Die restlichen fünf waren in die Mitte einer freien Fläche zwischen niedrigen Hügeln geraten und hatten plötzlich angefangen, sich wie mechanisch im Kreis zu drehen. Auf die Rufe der anderen, die außerhalb jener Fläche standen, reagierten sie nicht. Das gespenstische Treiben hatte erst ein Ende, als sie wie vom Blitz getroffen leblos zu Boden sanken.

Eine Gruppe von Jägern, bestehend aus erfahrenen und zu allem entschlossenen Männern, drang wiederum acht Jahre nach dem Vorfall in das Tal der sieben Tode vor. Sie machten eine grauenvolle Entdeckung: Siebzehn menschliche Skelette lagen in dem Talkessel. Aber auch diese Expedition kam nicht ungeschoren davon. Drei Teilnehmer stürzten sich ohne erkennbaren Anlass von einer Felswand hinunter und zerschellten am Boden. Noch wenige Augenblicke zuvor hatten sie sich mit den anderen unterhalten, dann stürzten sie sich in den Abgrund.

Seither hat sich niemand mehr in diesen sinistren Hexenkessel hineingewagt, und die Behörden des mittlerweile längst unabhängigen modernen Staates Indien haben kein Interesse am erneuten Aufleben tragischer Vorfälle. Einige Wissenschaftler im imperialen Indien hatten schon geglaubt, der Rätsel Lösung parat zu haben. Sie sprachen von »natürlichen Gasen«, von denen die einen leicht entzündlich wären, die anderen wiederum sämtliche Nervenzentren blockieren und tödliche Kollapse hervorrufen könnten. Und auch von einem besonderen Klima, welches das üppige Wuchern von Giftpflanzen und das prächtige Gedeihen der tödlichen Reptilien begünstigt.[81]

Nicht mehr? Und wenn es wirklich ein paar Orte gibt, an denen irgendeine Daseinsform uns nicht gerade wohlgesonnener Wesen (wen wundert's?) bewusst dafür Sorge trägt, von menschlicher Neugier und Forschergeist unbehelligt zu bleiben? Wann immer wir uns in der Natur aufhalten, wähnen wir uns felsenfest in dem chauvinistischen Glauben, dass um uns herum zwar alles am Leben ist, aber allenfalls *passiv* irgendwelchen niederen Instinkten folgt. Ohne jede Warnung werden wir jedoch damit konfrontiert, dass dort etwas sein muss, was erstaunlich aktiv und kraftvoll, intelligent und wachsam zu agieren imstande ist. Dann werden *wir* vom Jäger zum Gejagten und treten voller Panik die Flucht an.

Seitdem die modernen Naturwissenschaften der Religion deren Position im Ringen um das Weltbild streitig zu machen begannen, haben wir nur ein geozentrisches Modell unseres Universums gegen ein heliozentrisches getauscht. Geblieben sind die Dogmen wie auch der enge Radius unseres Horizonts. Nach wie vor sehen wir Menschen uns als Zentrum aller Dinge sowie als Nabel allen Seins auf Erden und im unendlichen Kosmos.

Wenn wir uns da mal nicht zu sehr täuschen …

8 »Stop and Go«
Von Dingen, die plötzlich stehen bleiben oder bergauf rollen

»An dem Tage, an dem die Wissenschaft beginnen wird, nicht-physikalische Erscheinungen zu untersuchen, wird sie in einem Jahrzehnt größere Fortschritte machen als in all den vergangenen Jahrhunderten ihres Bestehens.«

Nikola Tesla (1856–1943)

Man schrieb das Jahr 1938. In Deutschland waren die Nationalsozialisten eifrigst dabei, das Militär für einen kommenden Krieg aufzurüsten. Ob Waffensysteme, Ausrüstung oder Fahrzeuge: Überall wurde mit Hochdruck an Produktion und Perfektionierung kriegswichtigen Materials gearbeitet.

Da machte auch die bayerische Firma Zündapp keine Ausnahme. Das im Jahr 1917 in Nürnberg gegründete Unternehmen fabrizierte dort und in München Motorräder aller Hubraumklassen. Besonderes Augenmerk galt dabei den für den Militäreinsatz speziell geeigneten schweren Boxermaschinen KS 600 und KS 750 wie auch dem neuentwickelten Vierzylinder-Boliden K 800. Und da man in den Kreisen der rüstungsrelevanten Industrie offenbar Bescheid wusste, dass sich Deutschland in absehbarer Zeit wieder im Krieg befinden würde, galt es auch bei Zündapp, die dort produzierten Kräder ausgiebig zu testen.

An einem heute nicht mehr näher zu bestimmenden Tag in

diesem letzten Friedensjahr vor Ausbruch des Zweiten Weltkrieges machten sich zwei Testfahrer daran, neue Maschinen Probe zu fahren. Es war eigentlich genau das, was sie immer taten – doch an jenem Tag bekamen sie vor Fahrtantritt unerwarteten Besuch.

Ihre »Gäste« – ob diese von der Wehrmacht, der SS oder der Spionageabwehr kamen, lässt sich heute nicht mehr ermitteln – teilten den beiden Testfahrern kurz und bündig mit, dass ihre Motorräder an einer ganz bestimmten Stelle im Verlauf dieser Probefahrt aussetzen würden. Die Motoren neu anzuwerfen wäre sinnlos. Doch sollten sie zirka zehn Minuten warten, dann könnten sie die Boxermotoren wieder problemlos starten. Es ist beinahe überflüssig zu erwähnen, dass den beiden Testern unter Androhung schwerster Strafen untersagt wurde, mit irgendjemand über diese Angelegenheit zu sprechen. Dies wäre Hochverrat gewesen, mit fatalen Folgen für die Motorradfahrer.

Tatsächlich geschah alles während der Testfahrt genauso, wie jene »Dunkelmänner« angekündigt hatten. Die Motoren von beiden Zündapp-Maschinen stellten an der bezeichneten Stelle wirklich gleichzeitig den Betrieb ein. Entgegen den ihnen gegebenen Anweisungen versuchten die Männer, gleich wieder zu starten, was jedoch misslang. Erst nach zehn Minuten ließen sich die Motoren wieder zum Laufen bewegen, und die Fahrt konnte schließlich ungehindert ihre Fortsetzung finden.

Das seltsame Erlebnis der beiden Zündapp-Testfahrer ging in den Wirren des ein Jahr später angefangenen Zweiten Weltkriegs unter. Doch Zeit ihres Lebens fragten sich beide Männer immer wieder, was damals wohl geschehen sei. Viele Jahre später – es war 1982, und jene ihnen seinerzeit auferlegte »Schweigepflicht« galt schon lang nicht mehr – unterhielten sich die nun bereits in die Jahre gekommenen Herren in einem Wirtshaus nahe Kempten mit ihren Frauen über die unerklärte Begebenheit. Selbige wäre sicher der Vergessenheit anheim gefallen, hätte nicht mein Informant, ein amerikanischer Geschäftsmann, der sich damals auf einer Geschäftsreise nach Deutschland befand, der höchst interessanten Unterhaltung aufmerksam vom Nebentisch aus gelauscht. Und mir den Vorfall im Sommer des Jahres 2004 berichtet.[82]

Autos lahm gelegt

Hatten die Deutschen damals mit irgendwelchen »Wunderwaffen« experimentiert? Wir werden es wohl kaum erfahren. Diese mysteriöse Geschichte aus dem Jahr 1938 erinnert aber ganz frappierend an einen Aspekt, welcher seit Anbeginn des »modernen UFO-Zeitalters« gerne in Verbindung mit dem Phänomen nichtidentifizierter Flugobjekte gebracht wird. Nicht selten sollen bei Annäherung dieser Objekte Motoren, Lichter oder sogar die gesamte Elektrik von Autos, Flugzeugen und selbst Schiffen komplett lahm gelegt worden sein.

Ich möchte mich hier nicht allzu lange mit diesem noch immer ungelösten Rätsel aufhalten, sollte dem Fall der unterbrochenen Testfahrt aber ein aussagekräftiges Beispiel aus uns näheren Tagen entgegenstellen. Das Geschehen nahm seinen Lauf während der frühen Morgenstunden des 6. November 1967, mitten auf der Straße A 338 zwischen Avon und Sopley in der südenglischen Grafschaft Dorset.

Der Lkw-Fahrer Carl Farlow fuhr an besagtem Morgen zwischen ein und zwei Uhr mit einer Ladung Elektroherde auf der erwähnten Straße. Als er auf eine Kreuzung in der

Nähe einer Brücke über den Fluss Avon zufuhr, wurden die Scheinwerfer ganz plötzlich schwächer und gingen aus, aber der Dieselmotor lief noch. Farlow fuhr an den Straßenrand und sah, wie sich ein riesiges eiförmiges Objekt langsam von rechts über die Straße bewegte. Es schwebte annähernd so hoch über dem Boden, wie ein Telegraphenmast lang ist. Es schien etwa 25 Meter lang zu sein; dabei bedeckte es mehr als die gesamte Straßenbreite. Die Farbe war rot, mit einer weißlichen Stelle an der Unterseite. Das Objekt machte ein Geräusch wie ein Kühlschrank und hinterließ einen Geruch, wie wenn man Holz bohrt. Nach ein paar Minuten bewegte es sich langsam nach links und verschwand innerhalb weniger Sekunden völlig aus dem Blickfeld.

Erst jetzt bemerkte Farlow noch ein Auto, das auf der Straßenseite gegenüber stand. Es handelte sich um einen »Jaguar«, dessen Fahrer, ein Tierarzt, zu Farlow herüberkam und ihm sagte, sein Motor und die Scheinwerfer seien kaputt und seine mit im Wagen sitzende Freundin hysterisch geworden. Er schlug vor, die Polizei zu rufen. Glücklicherweise gab es in der Nähe eine Telefonzelle, in der zwar das Licht aus war, aber das Telefon funktionierte.

Die Polizei erschien wenige Minuten später. Im Scheinwerferlicht der Streifenwagen konnte man Spuren auf der Erde am Rand der Straße sehen, und die Teerdecke sah aus, als wäre sie kurz geschmolzen gewesen. Das Mädchen wurde mit einem Schock in ein Krankenhaus gebracht, und die beiden Fahrer gingen mit auf die nächste Polizeiwache zur Befragung. Anschließend wurden sie in das Polizeipräsidium von Bournemouth gebracht, wo sie von einem Mitarbeiter des Verteidigungsministeriums eingehend zu den Vorgängen verhört wurden.

Nachdem Farlow am folgenden Tage von der Polizei wieder zum Ort des Geschehens gebracht wurde, um seine persönlichen Dinge aus dem Lastwagen zu holen, bemerkte er, wie mehrere Leute die Umgebung mit Instrumenten untersuchten. Eine Planierraupe ebnete den Boden ein, und ein Mann strich die Telefonzelle neu. Als er eine Woche später erneut an der Stelle vorbeifuhr, fiel ihm auf, dass die Straße auf einer Länge von etwa 65 Metern neu geteert worden war. An seinem LKW war übrigens ein Schaden von etwa 400 Pfund Sterling entstanden. Über Schäden am Jaguar des Tierarztes konnte er nichts in Erfahrung bringen.[83]

Notbremse aus dem Nichts

Das »Kunststück«, Elektrik und Motor eines Fahrzeugs abrupt außer Funktion zu setzen, erfordert sicher jede Menge Know-how, so dass nicht wenige gern Zuflucht zu außerirdischer Technologie nehmen, um nicht bar jeglicher Erklärung dazustehen. Ob es tatsächlich durch menschlichen Erfindergeist oder durch Wissen verursacht wird, das nicht von unserer Welt stammt, lässt sich hier und heute nicht beantworten. Was soll man aber von Vorfällen wie dem folgenden halten, bei dem es den Anschein hat, als wäre unsere Realität von Kräften völlig unbekannter Art regelrecht »verbogen« worden?

Normalerweise zieht bei einem Unfall zwischen Auto und Fußgänger der Letztere stets den Kürzeren, was ganz simpel in der fehlenden Knautschzone begründet liegt. Im Januar 1963 kam es jedoch in einem Außenbezirk von London zu einem tragischen Unglück, welches uns an der Logik und Kausalität der Ereignisse schier verzweifeln lässt.

Ein Junge namens Keith Field sah beim Überqueren der Straße urplötzlich einen Wagen auf sich zurasen, den er wohl wegen der Wetterverhältnisse übersehen hatte. Schnee und Eis hatten die Straße spiegelglatt gemacht, dazu raubten Nebelschwaden die Sicht. Da Keiths Kleidung voller Schnee war, durfte er kaum damit rechnen, dass ihn der Fahrer noch sehen würde. Der Zusammenprall schien unvermeidlich.

Als der Wagen nur noch wenige Meter von dem Jungen entfernt war, erlebte dieser die Geschehnisse wie in Zeitlupe. Im Grunde nichts Außergewöhnliches, wie wir aus zahllosen Berichten von Menschen wissen, die schlimme Unfälle überlebt haben. Doch was im nächsten Augenblick geschah, wirft ein weiteres Mal buchstäblich alles über den Haufen, was wir über unsere »Realität« zu wissen glauben.

Wie gelähmt, konnte Keith beobachten, dass der Wagen von einem Sekundenbruchteil zum nächsten bewegungslos auf der Stelle stand. Gerade so, als hätte man einen Film angehalten und betrachte nun ein Standbild. Der Fahrer hatte die Bremsen nicht betätigt, sonst wäre er mit seinem Gefährt auf der eisglatten Fahrbahn unweigerlich ins Schleudern geraten. Er war ganz einfach zum Stillstand gekommen, was dem Jungen das Leben rettete. Er selbst hatte die unerklärliche Notbremsung mit seinem Leben bezahlt: Sein Kopf war mit voller Wucht gegen das Lenkrad geschlagen, er muss auf der Stelle tot gewesen sein.[84]

Immerhin fanden sich damals ein halbes Dutzend Augenzeugen, um den mit unserem Schulwissen unvereinbaren Vorfall zu bestätigen. Wie die Polizei bei der Untersuchung des Unfallfahrzeuges später feststellen konnte, war dessen Tachometer bei etwa 40 Meilen, das sind annähernd 65 Kilometer in der Stunde, stehengeblieben. Kein lebender Organismus würde eine praktisch in »Nullzeit« erfolgte Verzögerung aus dieser eigentlich unspektakulären Geschwindigkeit zum Stillstand überleben, so groß sind die Kräfte, die dabei zur Wirkung gelangen.

»Lassen Sie den Wagen weiterfahren«

Für einen dem Rationalismus und dem »gesunden Menschenverstand« verhafteten Zeitgenossen mögen solche Vorfälle wohl das Schlimmste darstellen, was ihrer Überzeugung widerfahren kann. Gewissermaßen ein Generalangriff auf all das, was ihnen einen sicheren Halt im »Koordinatensystem« unserer Existenz vorspiegelt. Religiöse wie auch streng wissenschaftsgläubige Menschen sind sich in dieser Hinsicht sehr ähnlich: In jedem Fall wird ihnen der Boden unter den Füßen fortgezogen. Sie verlieren den Halt, was zumindest menschlich verständlich macht, warum nicht sein kann, was nicht sein darf.

Doch faktisch hilft uns dieser Rückzug vor unbequemen Wahrheiten nicht weiter, solange diese »unmöglichen« Dinge geschehen. Was das plötzliche Stehenbleiben von Fahrzeugen betrifft, reichen derartige Vorfälle weiter in die Vergangenheit zurück, als dass wir beispielsweise das moderne UFO-Phänomen dafür zum Sündenbock stempeln könnten.

Der bereits erwähnte Amerikaner Charles Fort, der sich Zeit seines Lebens nie so recht von der vielbeschworenen »Realität« beeindrucken ließ, wurde im Frühjahr 1927 auf eine Reihe recht seltsamer »Angriffe« auf Autos aufmerksam. Eine beträchtliche Anzahl von Kraftfahrzeugen wurde zwar nicht auf der Stelle angehalten, dafür jedoch von ihren Straßen in Gräben, Flüsse und Seen abgedrängt.[75]

Ein unerklärliches und beunruhigendes Erlebnis ähnlich dem, welches die anfangs beschriebenen Zündapp-Testfahrer erlebten, wurde im Herbst 1930 einer Vielzahl von Automobilisten zuteil. Im Oktober jenes Jahres blieben auf einen Schlag 40 Autos auf einer Straße in Sachsen stehen. Hier ging es nicht so schnell: Erst nach gut einer Stunde konnten sie wieder in Gang gebracht werden. Ursache schleierhaft![3]

Und aus einer Zeit, in der es noch überhaupt keine Automobile gab, wird das unheimliche Geschehnis berichtet, das einem späteren Staatsoberhaupt der USA widerfuhr.

Andrew Jackson (1767–1845), der als 7. Präsident die Vereinigten Staaten von 1829 bis 1837 regierte, begann seine Karriere im ersten Viertel des 19. Jahrhunderts als General. Wenige Jahre vor seiner Wahl ins höchste Amt Amerikas stattete er der »Bell Farm« in Tennessee einen Besuch ab. Ohne jede Vorwarnung schienen die Räder seiner Kutsche mit einem Mal »wie eingefroren« zu sein. Trotz angestrengtem Ziehen und Schieben ließ sich das Fahrzeug keinen Millimeter bewegen.

General Jackson und seine Begleiter waren ratlos. Plötzlich hörten alle wie aus dem Nichts eine metallische Stimme, die da sagte: »Gut, General, lassen Sie den Wagen weiterfahren.« Und sofort setzte sich die Kutsche wieder in Bewegung.[85]

Rätsel im Tal des Todes

So, nun ist es aber genug des unerwarteten Ausbremsens oder Stehenbleibens. Wenden wir uns im Folgenden den nicht weniger unerklärlichen Bewegungen zu, die von den verschiedensten Objekten im krassen Gegensatz zu alledem unternommen werden, was unsere traditionelle Physik lehrt.

»Felsenfest«: Über diesen Ausdruck hätten sich wohl die alten Kelten köstlich amüsiert. Denn in ihrem Verständnis dieser Welt waren Steine und Felsbrocken nämlich lebendige, wachsende und vor allem bewegliche Wesen. Wir mögen heute voreingenommen über diese fraglos naturverbundenere Einstellung lächeln. Aber auch in unseren, vom nüchtern-sachlichen Rationalismus geprägten Tagen sind Steine und Felsen keineswegs so unbeweglich, wie ihnen immer nachgesagt wird. Und an einem Mysterium dieser Art rätseln Forscher schon seit mehr als 35 Jahren.

»Racetrack Playa« wird ein mehr als 14 Kilometer langer und ausgetrockneter See im kalifornischen Death Valley bezeichnet. Dieses mit bis zu 86 Metern *unter* dem Meeresspiegel liegende Gebiet wird zu Recht ein »Tal des Todes« genannt. Fast vegetationslos, ist es mit Temperaturen bis nahe 60 Grad Celsius und Niederschlägen von bestenfalls 40 Millimetern im Jahr eine der trockensten und trostlosesten Regionen der Welt. Gleichzeitig aber auch der Schauplatz eines einzigartigen Phänomens, das es eigentlich nicht geben dürfte.

Über den besagten »Racetrack Playa« bewegen sich seit Jahrhunderten Felsstücke – vom unscheinbaren Kieselstein bis hin zu zentnerschweren Gesteinsbrocken. Sie hinterlassen auch klar erkennbare Spuren: nicht nur geradlinige, sondern auch in Kurven verlaufend. Einige der Felsen haben auf ihrem geheimnisumwobenen Weg richtige Haken geschlagen. Zudem rollen sie nicht, sondern gleiten förmlich über den Boden.

Der amerikanische Geologe Dr. Robert P. Sharp, welcher sich seit 1968 mit den kuriosen Vorgängen im Tal des Todes beschäftigt, vermutet, dass heftige Stürme diese Felsbrocken über eine dünne Wasserschicht treiben, welche die recht seltenen Regenfälle in der Wüste hinterlassen haben. Dazu müssten die spärlichen 40 Millimeter Jahres-Niederschlag schon auf einmal fallen, ansonsten hätte sie der trockene Untergrund aufgesogen, bevor jener auch nur minimal benetzt wäre. Hinzu kommt, dass sich die Felsbrocken aber viel häufiger bewegen. Und eine Tatsache scheint dies Mysterium noch zu vertiefen: Obwohl die wandernden Steine häufig Neugierige vor Ort ziehen, hat noch kein Mensch jemals gesehen, wie sie sich vorwärts bewegen.[86]

Die von Dr. Sharp geäußerte Theorie stößt indes auf weitere Schwierigkeiten. Die Felsen bewegen sich nämlich nicht selten, wie man an frischen Spuren erkennen kann, in unterschiedlichen Richtungen. Dann müsste aber, scherzhaft gesagt, ein jeder dieser Brocken über seinen eigenen Wind verfügen, wenn das große »Rennen« beginnt, das bekanntlich noch kein menschlicher Augenzeuge zu Gesicht bekommen hat. Deshalb hat beinahe jeder, der sich mit den ominösen Bewegungen beschäftigt, seine eigene Theorie entwickelt. Basierend auf der Schwerkraft des Mondes, den – wie wir noch sehen werden – sich nicht immer gesetzmäßig verhaltenden Kräften des Erdmagnetfeldes oder auch den Folgen von Erdbeben. Auch exotischere Hypothesen wie der Einfluss von Sonnenflecken oder sogar außerirdische Urheber machen die Runde – einzig Genaueres wissen wir nicht.

Aus dem Jahre 2003 stammt eine Beobachtung, die das Rätsel ebenfalls nicht durchsichtiger macht. Kaum eine der Spuren auf dem »Racetrack Playa« war tiefer als zwei bis drei Zentimeter in den Boden gedrückt, was angesichts der oft über einen Zentner schweren Brocken zutiefst verblüfft. Es sieht fast so aus, als ob das Gewicht bei den mysteriösen Steinwanderungen überhaupt keine Rolle spielt.

So bleibt das Geheimnis wohl noch eine ganze Weile ungelüftet. Wissenschaftler haben derzeit nichts Besseres anzubieten als die vage Vermutung: »Wenn es schlammig und windig ist, bewegen sich die Felsen. Zumindest manchmal.«[87]

Bei allem Rätselraten kann man noch froh sein, dass sich die Steine *nur* in der Ebene bewegen. Einige Plätze auf diesem Planeten tun uns diesen Gefallen nicht.

Bergauf geht's nach unten

Versuchen Sie sich doch einmal das folgende Szenario vorzustellen: Sie befinden sich auf einer vollkommen normal aussehenden Straße, welche von Ihrem Standpunkt aus betrachtet nach oben führt. Sie sind mit dem Auto unterwegs und haben kurz angehalten. Dabei haben Sie den Gang eingelegt und die Handbremse angezogen, damit der Wagen nicht wieder rückwärts den Berg hinabrollt. Und als Sie wieder einsteigen und losfahren wollen, für einen kurzen Augenblick weder ein Gang eingelegt noch die Bremse angezogen ist, setzt sich Ihr Fahrzeug langsam, aber stetig in Bewegung. Zu Ihrer maßlosen Verblüffung allerdings nach oben. Im Klartext: bergauf!

Bestimmt werden Sie jetzt ungläubig den Kopf schütteln. Sie werden argumentieren, dass so etwas nach dem »gesunden Menschenverstand« und allem, was Sie in der Schule gelernt haben, ganz schlicht und einfach *unmöglich* ist.

Einspruch! Nichts ist unmöglich! Denn genau so eine Situation habe ich selbst vor einigen Jahren sozusagen schon »live« miterleben dürfen.

Am 27. Februar 1996 war ich im Dreiländereck Chile–Peru–Bolivien unterwegs. Ich befand mich auf halbem Weg zwischen der nordchilenischen Hafenstadt Arica und dem kleinen Ort Putre, mitten in den Anden versteckt. Gemeinsam mit meinem leider viel zu früh verstorbenen Freund, Autorenkollegen und Mitstreiter Dr. Johannes Fiebag, sowie einer Gruppe unserer Leser, war ich aufgebrochen, um den Originalschauplatz einer dramatischen UFO-Begegnung in Augenschein zu nehmen.

Die einzige Landstraße dorthin führte an einer abgeschiedenen Stelle vorbei, die bei den Einheimischen unter ihrem Namen *Quebrada Cardones* bekannt ist. Und durch eine außergewöhnliche Besonderheit besticht.

Bereits tags zuvor hatte man uns darauf aufmerksam gemacht, dass an diesem bestimmten Ort in der Einsamkeit der Anden nicht alles so sei, wie wir es normalerweise erwarten durften. Autofahrer aus dieser Umgebung hatten immer wieder beobachtet, wie ihre Fahrzeuge den Berg *hinauf* rollten, wenn sie an einer gewissen Stelle den Gang herausnahmen. Umgekehrt würde es hingegen eines kräftigen Tritts auf das Gaspedal bedürfen, um bergab zu fahren.

Die »Verfolgung« aufgenommen

Als wir den Quebrada Cardones erreicht hatten, konnten wir feststellen, dass dort ein gut sichtbares Gefälle in nordöstlicher Richtung besteht, was umgekehrt eine Steigung nach Südwesten hin bedeutet.

Bei näherer Betrachtung wurde uns sehr rasch bewusst, dass an diesem Platz tatsächlich die uns geläufigen Gesetze des Gravitation auf den Kopf gestellt sind. Jeder der Anwesenden suchte mit Getränkedosen, Flaschen sowie anderen runden Dingen diesen anomalen Ort auf die Probe zu stellen. Mancher kippte auch Flüssigkeit auf die Fahrbahn. Das ausgegossene Nass floss daraufhin unverdrossen auf den Scheitelpunkt jener kleinen Anhöhe zu, welche die Straße auf ihrem Weg in Richtung Arica zu überwinden hat.

Die Szenerie hatte bald ihre eigene Situationskomik entwickelt. Zwei Dutzend erwachsener Menschen, mit Fotoapparaten und teilweise mit Videokameras ausgestattet, knieten, robbten oder lagen bäuchlings auf dem Asphalt. Ungläubig staunend blieb uns nichts anderes übrig, als die Tatsachen zu akzeptieren. So etwa, dass der schwere Bus, der uns nach diesem Abenteuer weiter nach Putre befördern sollte, im Leerlauf nach oben rollte, sobald der Chauffeur den Gang herausgenommen und die Handbremsen gelöst hatte.

Was mit dem Bus so wunderbar funktionierte, wollten wir mit einer Flasche ebenfalls ausprobieren. Deren Inhalt hatte schon vorher den Weg nach oben gefunden. Und es klappte vorzüglich: Augenblicklich setzte sich die »Buddel« in Bewegung. Für jeden deutlich sichtbar, rollte das Ding stur und unbeirrbar bergan, anstatt, wie es sich für runde Gegenstände gehört, seinen Weg in der umgekehrten Richtung zu wählen. Johannes Fiebag und ich nahmen unverzüglich die »Verfolgung« auf. Alles in allem trabten wir mehrere hundert Meter hinter der Flasche her. Dies unglaubliche Geschehen wurde denn auch hinlänglich mit Fotos und Videoaufnahmen dokumentiert.[88]

Regelmäßig bestätigte Ausnahmen

Wer nun aber glaubt, diese rätselhafte Anomalie im Quebrada Cardones mit der »Erklärung« abtun zu können, dass es sich hier um eine einmalige Ausnahme von der Regel handelte, den muss ich bitter enttäuschen. Inzwischen weiß ich nämlich von der Existenz *mindestens* eines weiteren halben Dutzends anderer Orte auf der ganzen Welt, die gleichfalls mit diesem Phänomen aufwarten können.

Einer meiner Freunde, der bekannte Fernseh-Moderator Rainer Holbe, berichtete uns in seiner damaligen SAT-1-Serie »Phantastische Phänomene« über einen ähnlichen Ort auf der Apenninen-Halbinsel. Also diesseits des Atlantischen Ozeans, was an derlei Effekten Interessierte von der Notwendigkeit entbindet, in so entfernte Gebiete wie Südamerika zu reisen, um sich von der Existenz der beschriebenen Anomalien zu überzeugen.

Südöstlich der italienischen Hauptstadt Rom, in den Albaner Bergen, liegt der kleine Flecken Rocca di Papa. Dort, an der schmalen Via dei Laghi, scheint auf einer Länge von etwa 100 Metern unsere Welt gleichfalls auf dem Kopf zu stehen.

Das Phänomen hat mittlerweile den Rang einer örtlichen Attraktion eingenommen. Überwiegend an den Wochenenden pilgern zahlreiche Bewohner der nahen Hauptstadt die etwa 35 Kilometer aufs Land hinaus, um sich auf deren Art von dem dort präsenten Phänomen zu überzeugen. So lassen sie – wie sich doch die Bilder gleichen! – Getränkedosen den Berg hinaufrollen. Radfahrer kommen ohne jede Mühe und Anstrengung nach oben, da es vollkommen überflüssig ist, in die Pedale zu treten. Man merkt gleich, dass man im Süden ist, denn oftmals herrscht an diesem Ort eine permanente Volksfeststimmung.

Selbst der schwere Sendewagen des Produktionsteams, das mit Rainer Holbe vor Ort für die »Phantastischen Phänomene« drehte, bewegte sich ohne Verzögerung aus dem Stand bergwärts, sobald die Handbremse gelöst wurde.[89]

Von aufmerksamen Lesern bekomme ich immer wieder Post. Mitunter befinden sich darunter wertvolle Hinweise auf mysteriöse Lokalitäten in aller Herren Länder. So erreichte mich zum Beispiel der Brief eines in Deutschland lebenden Portugiesen mit der Beschreibung eines weiteren Ortes mit denselben ungewöhnlichen Eigenschaften:

»Meine Eltern stammen aus der nordportugiesischen Stadt Braga, wo ich mehrere Ferienaufenthalte, vorwiegend in meiner Jugend, verbracht habe. Unweit dieser Stadt, angeschmiegt an ein Bergmassiv, befindet sich die aus dem 18. Jahrhundert stammende Pilgerstätte ›Bom Jesús‹.

Eine in Kaskaden angelegte Steintreppe führt zur Wallfahrtskirche, um die herum ein Park mit einem See und mehrere Restaurants beziehungsweise Hotels gebaut wurden. Eine teilweise gut ausgebaute Straße führt von der Stadt dorthin, und weiter den Berg hinauf. Eben auf dieser weiter führenden Straße kommt man an eine Stelle, die viel interessanter ist als alle umliegenden Sehenswürdigkeiten. Nach rechts von der Hauptverkehrsroute zweigt ein paar hundert Meter nach der Zufahrt zur Kirche eine unscheinbare Nebenstraße ab.

Ich erinnere mich noch lebhaft an meine Verwunderung sowie jenen kalten Schauer, der mich überlief, als ich einmal meinen Vater im Auto begleitete. Er hatte angekündigt, mir etwas zeigen zu wollen, bog in diese Seitenstraße ein und schaltete den Motor aus. Und urplötzlich begann das Auto langsam den steilen Berg hinauf zu rollen.«[90]

Wie mir mein Informant des weiteren mitteilte, sperrten die portugiesischen Behörden vor ein paar Jahren die Zufahrt zu dieser Stelle. Wahrscheinlich fürchteten sie ähnliche Menschenaufläufe und »Volksfeste« wie im italienischen Rocca di Papa.

»Polo Magnético«

Seit meinem Besuch am chilenischen Quebrada Cardones gelang es mir, Informationen über die Existenz weiterer vergleichbarer Orte auf dieser Welt zusammenzutragen. Was den Schluss nahe legt, dass es sich zwar um ein nicht allzu häufiges, aber keineswegs einzigartiges Phänomen handelt. Wen wundert's: Haben wir nicht schon im Verlauf dieses Buches mehr als genug Beispiele kennen gelernt, dass die Realität rund um uns mit den schier unwahrscheinlichsten und bizarrsten Überraschungen aufzuwarten weiß?

Polen. Auf der polnischen Seite der Schneekoppe, jener mit 1603 Metern über dem Meeresspiegel höchsten Erhebung des Riesengebirges, führt eine schmale Straße zu dem kleinen Luftkurort Karpacz, der früher Krummhügel geheißen hat. Eine Handvoll Einheimische sind dort die einzigen, die von der Besonderheit dieser Stelle wissen.[43]

Israel. Auf einer Straße, die unweit des Dorfes Djebel Moukaber nach Jerusalem führt, kann man dieselben Schwerkraftanomalien beobachten.[91]

Deutschland. Auch unser Land kann mit solch einem Mysterium aufwarten, wie mir eine Leserbriefschreiberin mitteilte. Im Luftkurort Schleiden in der nördlichen Eifel, nur ein paar Kilometer von der Grenze zum Nachbarland Belgien, soll kurz vor dem Ortsausgang eine Stelle mit denselben hinlänglich bekannten Ausnahmeerscheinungen existieren.[92]

Schottland/Britische Inseln. Zwischen den Orten Ayr und Maidens, unweit des Firth of Clyde, wo die »Southern Uplands« zum westlichen Meer hin abfallen, befindet sich ein weiterer Ort, der mit magnetischen Abweichungen verblüfft. Die dortigen Einheimischen nennen jenen sonderbaren Straßenabschnitt der A 719 »Electric Brae«.[89]

Kanada. In der südostkanadischen Provinz New Brunswick gibt es, vor den Toren der Stadt Moncton, den »Magnetic Hill«. Auch dort rollen Autos im Leerlauf wie von Geisterhand gezogen aufwärts, während die Fahrer für den umgekehrten Weg kräftig aufs Gaspedal treten müssen. Die Stätte wurde mittlerweile zu einer lokalen Touristenattraktion.[93]

USA. »Magnetic Hill« wird auch eine Stelle bei Greenfield im Bundesstaat Massachusetts an der Grenze zu New Hampshire und Vermont genannt. Dies ist ein Abschnitt auf der Old Shelburn Road, ein Stück nach dem »Big Y Store« am Highway Route 2, der nach Norden führt.[94]

Dominikanische Republik. Auch in dem Touristenparadies Nummer 1 in der Karibik, genauer gesagt auf der im Süden gelegenen Halbinsel Baoruco, stehen die bekannten Gesetze der Schwerkraft in der beschriebenen Weise kopf. Als »Polo Magnético« fand jene Stelle, welche sich auf der Landstraße zwischen Cabral und dem Dörfchen Polo in der Kommune von Barahona befindet, bereits Erwähnung in der einschlägigen Reiseliteratur.[95]

So vermeldet beispielsweise der ADAC-Reiseführer »Dominikanische Republik« in seiner Ausgabe von 2003:

»Ein Abstecher von Cabral in die reizvolle Berglandschaft der Sierra de Baoruco, von der rund 800 Quadratkilometer als Nationalpark ausgewiesen sind, führt auch zu einem einzigartigen Naturphänomen. Nach etwa 20 Kilometer erreicht man den in einer Senke liegenden Polo Magnético (Magnetischer Pol). Wenn Sie unten auf dem gekennzeichneten Punkt den Motor ausschalten und den Leerlauf einlegen, wird Ihr Gefährt wie von Geisterhand rückwärts den Hang hinaufgezogen. Über die Kräfte, die hier wirken, rätselt die Wissenschaft noch heute. Magnetische Anziehung oder Abstoßung konnte jedenfalls nicht nachgewiesen werden.«[96]

Ich finde es persönlich sehr positiv, dass auch rätselhafte, unser Weltbild radikal in Frage stellende Fakten zunehmend an »Otto Normaltourist« herangetragen werden, um den Sinn für das Außergewöhnliche zu schärfen. Einzig zu bemängeln ist, dass von jener zitierten Stelle als einem »einzigartigen Naturphänomen« gesprochen wird. Dass dem nicht so ist, habe ich mit der Fülle der aufgeführten Beispiele, so hoffe ich, erschöpfend verdeutlichen können. Wobei trotz der erstaunlichen Vielfalt der Beispiele keinerlei Anspruch auf Vollständigkeit erhoben wird.

Ein Hang in China

»Verrückte Welt«, kann man da nur kopfschüttelnd sagen. Um im nächsten Augenblick noch erstaunter zur Kenntnis nehmen zu müssen, dass es offenbar sogar Orte gibt, an denen Wasserläufe ihren Weg nicht vom Berg ins Tal, sondern vielmehr umgekehrt finden.

Chinesische Wissenschaftler wundern sich derzeit über einen Hang im nordöstlichen Teil der Provinz Gansu, einem gebirgigen Landstrich südlich der Inneren Mongolei. An diesem ungefähr 60 Meter langen Hang, welcher eine Steigung von 15 Grad aufweist, fließt ein Wasserlauf *bergwärts*. Entdeckt wurde dieser mirakulöse Ort in der unwirtlichen Region von Yugur von Zhao Guobiao, einem Offizier der Volksbefreiungsarmee.

Das Rätsel hat zwischenzeitlich die Aufmerksamkeit mehrerer chinesischer Wissenschaftler erregt. Unter ihnen Fang Xiaoming, Physikprofessor an der Universität der Provinzhauptstadt Lanzhou, der über ein »starkes magnetisches Feld oder abrupte Veränderungen des Luftdrucks« spekuliert.[97]

Vielleicht gibt es noch weit mehr von diesen Orten anomalen magnetischen Verhaltens, die wir derzeit nur als solche zu erkennen vermögen, wenn zufällig gerade eine Straße darüberführt oder ein Bach nach oben plätschert, wie in dem Beispiel, über das derzeit die Chinesen rätseln. Sind solche Plätze eher die Ausnahme oder die Regel? Dann kämen wir nicht umhin, alle unsere Physikbücher ein wenig zu revidieren.

Im Strudel der Geheimnisse

Handelten die vorangegangenen Zeugnisse von »linearen Bewegungen der etwas anderen Art«, so wenden wir uns nun ein wenig komplexeren Bewegungsmustern zu. Alles soweit unklar? Die Rede ist von einem geheimnisumwitterten Ort im Nordwesten der Vereinigten Staaten, welcher unter der Bezeichnung »The Oregon Vortex – der Oregon-Strudel« seit den frühen 20er-Jahren des vergangenen 20. Jahrhunderts Fachleute wie Laien immer wieder gehörig zu irritieren vermag.

Im Süden des US-Bundesstaates Oregon, ganz in der Nähe des Städtchens Gold Hill am Rogue River, befindet sich dieser wohl bizarrste Ort Nordamerikas. Dessen Eigenschaften wurden in den Jahren nach 1920 durch den Geologen, Bergbauingenieur und Physiker John Litster erstmalig systematisch beschrieben. Der im Jahre 1886 in Schottland geborene Sohn eines britischen Diplomaten führte bis zu seinem Tode 1959 tausende von Experimenten an dem geheimnisumwobenen Ort durch.

Doch bereits den Indianern aus der Region war der Platz unheimlich. Ihre Pferde weigerten sich hartnäckig, das annähernd runde, im Durchmesser um die 50 Meter große Areal zu betreten. So wurde der Ort zur »verbotenen Stätte«, von der man sich am besten fernhielt.[98]

Mit was haben wir es hier zu tun? Der »Oregon-Strudel« ist am ehesten als ein Kraftfeld von sphärischer Gestalt zu interpretieren, dessen Effekte jeweils zur Hälfte oberhalb wie auch unterhalb der Erdoberfläche wirken. Dem Vernehmen nach sollen die Anomalien in einem 90-tägigen Intervall leichten Schwankungen unterworfen sein. In seinem Zentrum steht eine Hütte, die heute »House of Mystery« genannt wird. Ursprünglich war diese ein Prüfbüro für Edelmetalle und Münzen, von der »Old Grey Eagle Mining Company« 1904 errichtet und später nurmehr als Werkzeugschuppen verwendet. Damals stand sie noch aufrecht am Fuße des Hügels, doch im Lauf der Zeit glitt sie mit einem Teil des Erdreichs unaufhaltsam in den Sog des Strudels. Dort steht sie noch heute, von nichtidentifizierten Kräften grotesk verdreht.

Betritt man sie, so glaubt man sich in einer Welt, in der alle unsere bekannten Naturgesetze keine Gültigkeit mehr besitzen. Vor jener Hütte wachsen einige der Bäume mit einer auffälligen Neigung und scheinen gleichsam dem unheimlichen Ort entfliehen zu wollen.

Die Phänomene des Oregon-Strudels sind natürlich nicht nur auf die wenigen Quadratmeter der windschief aussehenden Hütte beschränkt, sondern auf der gesamten Fläche offensichtlich. Es ist nirgendwo auf dem Areal möglich, »normal« aufrecht zu stehen. Unwillkürlich nimmt der Besucher eine Haltung ein, welche ihn zum magnetischen Norden hin neigt. Somit erreicht man sein Gleichgewicht erst in einem deutlichen Winkel, der von der gewohnten Vertikale abweicht. Versucht man sich in die Gegenrichtung zu lehnen, wird das durch das unbekannte Kraftfeld so gut wie unmöglich gemacht. Zigarettenrauch dreht sich spiralförmig im Zentrum des Wirbels – das gleiche gilt auch mit in die Luft geworfenem Papier. (Ich habe es selbst einmal erlebt, wie mich bei hohen sommerlichen Temperaturen sowie zwei geöffneten Autofenstern die Umverpackung eines Schokoladeriegels mehrere Male in Kopfhöhe umkreiste, aber dies mag wohl eher thermische Ursachen gehabt haben!) Beinahe schon unnötig zu erwähnen: Runde Gegenstände rollen, je nach Standpunkt, nach oben respektive in den Mittelpunkt des Strudels.[98]

Gestörte Wahrnehmungen

Nach dem Ableben von John Litster, der diesen bizarren Ort bereits 1930 für die breite Öffentlichkeit zugänglich gemacht hatte, stellten zahlreiche Wissenschaftler Messungen und Versuche an, um die abnormen Vorgänge zu enträtseln. Bis heute haben diese jedoch ihre Geheimnisse nicht preisgegeben. Magnetische Felder scheinen irgendwie im Spiel zu sein, vermögen aber keinesfalls die Einflüsse auf alle Arten von Materie zu erklären. Desgleichen scheint ein sehr starker Sog wirksam zu sein – vielleicht nicht unähnlich den Kräften, wie sie in einem Tornado wirksam sind. Nur eben in einer ganz anderen Form.

Welche bislang noch unidentifizierten Kräftekonstellationen mögen dafür verantwortlich sein, dass sich Stöcke oder ähnliche Gegenstände erst in einem Winkel von mindestens zehn Grad im Gleichgewicht befinden? Eine ungefähr 15 Kilogramm schwere Kugel aus Stahl, die man mit einer Kette an der Decke der vorgenannten Hütte befestigt hatte, hing deutlich schräg nach unten und konnte nur mit großer Mühe aus dieser Position bewegt werden. Kompasse und andere Instrumente sollen innerhalb des Areals kreiseln und Fehlfunktionen aufweisen.

Der Oregon-Strudel ist aber auch eine Stätte *visueller* Phänomene, welche unser Wahrnehmungsvermögen auf eine harte Probe stellen. Im Klartext bedeutet dies, dass auch die uns bekannten Gesetzmäßigkeiten der Perspektive vollkommen auf dem Kopf stehen. Bewegt sich eine Person von einem Beobachter aus in Richtung des magnetischen Südpols *fort*, erscheint sie diesem *größer werdend*. Kommt sie jedoch *auf ihn zu*, und zwar in Richtung auf den magnetischen Nordpol, erscheint sie plötzlich *kleiner werdend*. Angeblich sollen diese perspektivischen »Verirrungen« sogar auf Fotos und Filmen sichtbar sein.[98]

Nach wie vor gibt es keine Antwort auf die Frage, warum die physikalischen Gesetze an diesem Ort gänzlich anders definiert zu sein scheinen. Wilde Spekulationen führen uns sicher ebenso zielstrebig in eine Sackgasse, wie die mit geradezu missionarischem Eifer postulierten Dogmen einer auf dem dialektischen Materialismus aufbauenden Naturwissenschaft. Speziell deren Geschichte steckt voll peinlicher und arrogant verteidigter Fehleinschätzungen, die vielen für uns heute selbstverständlichen Erfindungen und Erkenntnissen schon vorab jede Chance auf Realität streitig gemacht haben. Beispiele hierfür würden dicke Bände füllen!

Bis wir in fünf oder fünfzig Jahren, so hoffe ich, endlich mehr über die Ursachen solcher Phänomene wissen, ist es sicher keine Schande, sich dieses alte arabische Sprichwort öfters zu Herzen zu nehmen: »Wer nicht an Wunder glaubt, der ist kein Realist.«

9 Die Geisterlichter von Bang Fai
Intelligente Lichtbälle und feurige Verfolgungen

»Und ich sah mit Schrecken einen blendend hellen Feuerball über der Kapelle erscheinen. Der Anblick flößte allen Teilnehmern an der Prozession einen solchen Schrecken ein, dass sie sich zu Boden warfen. Wir müssen wohl zu Zeugen eines Wunders geworden sein.«

Gregor von Tours (538–594), französischer Kleriker und Geschichtsschreiber

Wenden wir uns nun einer Reihe völlig anderer Phänomene in diesem Universum zu, das uns nach all jenen unsäglichen Absonderlichkeiten der vorausgegangenen Kapitel immer bizarrer und irrealer vorkommen muss. Ein Universum, in dem buchstäblich überhaupt nichts mehr unmöglich ist.

Wie aus dem Nichts aufloderndes Feuer – wobei ich das tödliche Menetekel plötzlich aufflammender menschlicher Körper hier einmal außen vor lassen möchte. Lichtbälle, die zweifellos intelligent agieren, um sich neugierig an die Fersen ihrer meist unfreiwilligen Beobachter zu heften und sie offenbar gezielt verfolgen. Solche Lichterscheinungen gibt es am Himmel wie auch unter Wasser sowie in Höhlen unter der Erde. Überirdische Lichter, die über Sümpfe huschen, über Gräbern schweben oder an einsamen Wegen auftauchen. Sie dringen auch durch geschlossene Wände in

Gebäude ein, lassen zielgerichtetes Verhalten erkennen, wirken harmlos oder bedrohlich, tauchen nur einmal auf oder zeigen Kontinuität in ihrem Erscheinen.

Die Phänomene sind schon lange bekannt, wie die anfangs zitierte Erscheinung zeigt, die den heiligen Gregor von Tours im 6. Jahrhundert bei der Einweihung einer Kapelle sehr schockte. Sie haben zahlreiche Namen: Kugelblitz, Geisterlicht, Irrwisch oder Feuerball. Womöglich trifft auch keine dieser Bezeichnungen den Kern und es handelt sich um etwas ganz anderes. Daher müssen wir uns noch immer eingestehen, dass uns Ursache und Wesen derselben absolut unbekannt sind. Vorstellbar ist jedoch, dass es sich trotz gewisser Ähnlichkeiten nicht nur um eine einzige, sondern sogar um verschiedene Manifestationen einer uns undurchschaubaren »Realität« handelt.

Von den Naturwissenschaftlern zunächst als Humbug abqualifiziert und selbst heute noch höchst kontrovers diskutiert, denken diese Phänomene jedoch nicht im Traum daran, sich auf das Stadium ihrer postulierten Nicht-Existenz zurückzuziehen. Ganz im Gegenteil: Immer wieder tauchen sie auf und gehen gewissermaßen »auf Entdeckungsreise« in unsere Existenz, die für diese vielleicht ebenfalls etwas wie eine parallel existierende Welt darstellen mag.

So wie im Fall des Ehepaares Bill und Maria Gregory-Haines, das am Abend des 3. März 2005 friedlich in seinem Haus in L'Islet auf der britischen Insel Guernsey das Fernsehprogramm verfolgte. Maria sah etwas gleißend Helles direkt die Verglasung der Veranda durchdringen, dann kam es durch eine doppelt verglaste Tür und schoss quer durch den Raum.

Das Paar konnte nun beobachten, wie der Feuerball für einen Sekundenbruchteil etwa einen halben Meter über dem Boden sowie 30 Zentimeter vor dem Fernseher verharrte.

Dann verließ er das Haus genauso plötzlich und auf demselben Weg, wie er gekommen war.

Mr. Gregory-Haines verriet später einem Reporter der »Guernsey Press«, dass dieses ganze Ereignis nicht viel länger als zwei Sekunden angedauert hatte. Die Kugel war von blau-weißer Farbe und kristallklar. Als die beiden Eheleute das Haus nach Brandschäden absuchten, vermochten sie nichts zu finden. »Wir begannen uns zu fragen, was geschehen wäre, hätten wir dem Feuerball im Weg gestanden«, sinnierte Bill Gregory-Haines. Und er fügte noch hinzu: »Wir glauben nicht an das Übernatürliche. Ich bin Rationalist und denke, es muss hier eine vernünftige, eine wissenschaftliche Erklärung geben.«[99]

Neckisches Verhalten

Bill und seine Frau Maria waren indessen nicht die einzigen Zeugen der Lichtkugel-Aktivitäten in jener Nacht. Auch die 14-jährige Schülerin an der St. Sampsons School, Jessica Elliston aus Ville Baudu, erlebte ihre unheimliche Begegnung. Das junge Mädchen war gerade erst zu Bett gegangen und beobachtete, wie sooft, noch ein wenig den sternenklaren Nachthimmel durch ihr Dachfenster. Plötzlich gewahrte sie einen blendend weißen Ball aus Licht, der immer größer wurde. Als er in einem fulminanten Blitz zu explodieren schien, schloss sie instinktiv ihre Augen. Nachdem sie sie wieder öffnete, war die Lichtkugel verschwunden, gleichzeitig war der Strom im Haus ausgefallen. Gemeinsam mit dem Blitz war auch ein ohrenbetäubender Donnerknall zu hören. Sofort stürzte Jessicas Vater in das Zimmer seiner Tochter, doch diese war zum Glück unversehrt. Nur ein Zeitschalter war in Betrieb gesetzt worden, und dies, obwohl im ganzen Haus der Strom ausgefallen war.[99]

Das Phänomen der kugelförmigen Blitze scheint in den allermeisten Fällen ungefährlich für jene Individuen zu sein, denen es zu nahe kommt. Doch darauf kann man sich nicht immer verlassen. In der Literatur ist ein Fall bekannt, in dem ein neugieriges Kind einer solchen Erscheinung einen Fußtritt versetzte, worauf sich eine Explosion ereignete, welche elf Rinder tötete und das Kind nebst einer Begleitperson zu Boden warf.[100]

Oft kann man sich des Eindruckes nicht erwehren, dass hinter diesen Feuerkugeln und Lichtbällen eine subtile Intelligenz am Werk ist. Insbesondere dann, wenn es um recht bizarre Vorfälle geht. Spiegel und andere zerbrechliche Gegenstände wurden vollkommen unbeschädigt durch die Luft befördert, Tintenfässer geleert, Menschen bis auf die Haut ausgezogen. In einem ganz besonders krassen Fall wurden die Schamhaare eines Mädchens versengt, ohne dass es zu weiteren Verletzungen kam.[101]

Ein ausgesprochen neckisches Verhalten für ein rätselhaftes Phänomen, das von Seiten der Wissenschaft meist noch immer als absoluter Humbug abgetan oder als nichtexistent eingestuft wird.

In einem anderen Fall explodierte ein Kugelblitz, der zuvor durch die Tür in ein Haus eingedrungen war, mitten im Wohnzimmer und tötete ein Kätzchen auf dem Schoß eines Mädchens, ohne dieses selbst zu verletzen.[101]

Der britische Physiker Neil Charman vom *Manchester Institute of Science and Technology* charakterisierte das Phänomen einmal wie folgt: »Kugelblitze werden nicht von Luftzügen beeinflusst, strömen wenig Wärme aus und drehen sich. Manche von ihnen werden von Metall angezogen. Sie bewegen sich dann an einem Draht oder Zaun entlang. Andere erscheinen in geschlossenen Räumen, bewegen sich problemlos durch Türen und Gardinen. (...) Besonders verwunderlich sind verschiedene Berichte über ihr Erscheinen in geschlossenen Flugzeugen. In mindestens einem Fall ist eine Kugel in ein Flugzeug eingedrungen und hat es – ohne Schaden zu verursachen – wieder verlassen. Einmal handelte es sich dabei immerhin um ein Tankflugzeug. Die Erleichterung des Piloten, ungeschoren davongekommen zu sein, kann man sich lebhaft vorstellen.«[102]

Die Kugel im Flugzeug

Einer dieser Fälle, in deren Verlauf an Bord sicher bereits alle mit ihrem Leben abgeschlossen hatten, ereignete sich 1959 im Luftraum über der damaligen Sowjetunion.

Im Frühjahr 1959 flog eine Passagiermaschine der staatlichen Fluggesellschaft Aeroflot vom Typ »Tupolew TU-104« von Alma Ata nach Moskau. Das Wetter war gut, es gab keine Gewitter auf der Flugroute, und so verlief der Flug zunächst ohne besondere Ereignisse. Doch plötzlich bemerkten mehrere Passagier innerhalb der Kabine, unweit dem Durchgang zum Cockpit, ein mattes Licht, das langsam eine feste Form anzunehmen schien. Es materialisierte sich ein rundes Objekt von etwa einem halben Meter Durchmesser. Es blieb zuerst bewegungslos stehen. Die Crew war der Meinung, ein Feuer wäre an Bord ausgebrochen und unternahm sofort Löschversuche. Doch war keinerlei Spur eines Brandes zu entdecken, und auch die Feuerkugel war unvermittelt verschwunden. Kurze Zeit später tauchte sie jedoch wieder auf und bewegte sich nun an den Fenstern entlang, wobei die Passagiere fast berührt wurden.

Nach übereinstimmenden Aussagen der Zeugen war das Ding weder warm, noch roch es nach irgendetwas. Nachdem der Lichtball die ganze Kabine »geprüft« hatte, ohne dabei jemandem etwas zu tun, kehrte er zu seinem Ausgangspunkt zurück und verschwand. Bei der Ankunft in Moskau legte man den Passagieren nahe, über das Erlebnis kein Wort zu verlieren. Ein polnischer Journalist an Bord sammelte jedoch die Zeugenaussagen mehrerer Reisenden und veröffentlichte sie später als Bericht.[103]

So kann an dieser Stelle nicht deutlich genug hervorgehoben werden, dass die ominösen Kugeln nicht nur »Türen und Gardinen« ohne Mühen zu durchdringen vermögen, sondern auch Glas, Metall und offenbar selbst Mauerwerk. Beinahe so, als wäre dies alles in deren »Realität« schlicht und einfach nicht vorhanden.

Basierend auf bis heute ungezählten Beobachtungen, aufgrund derer die Existenz des Phänomens eigentlich längst dem Dunstkreis des Obskuren entwachsen sein sollte, lassen sich weitere charakteristische Eigenschaften bestimmen. So bewegt sich die Größe der meist kugelförmigen Gebilde von ein paar Zentimetern bis zu einem Meter im Durchmesser. Es gibt sie in einigen Farben, wobei weiß, gelb, orange und rot am häufigsten vorkommen. Die Kugeln können sich sowohl horizontal als auch vertikal bewegen, aber nicht selten verharren sie ruhig an einer Stelle – als wollten sie ganz bewusst »die Lage sondieren«. Dabei drehen sie sich zuweilen um ihre (gedachte) Achse. Und ihre Lebensdauer liegt, abweichend von der »normaler« Blitze, zwischen einer Sekunde und einer Minute.[102]

Nicht zuletzt diese ungewöhnlich lange Lebensdauer ist verantwortlich dafür, dass die wissenschaftliche Welt bei der Diskussion um das Phänomen in zwei unversöhnliche Lager gespalten ist. Beinahe ein »Wunder« für sich ist, dass – jedoch nur ganz allmählich – jener Widerstand geringer wird, der sich bis dato noch gegen die bloße Möglichkeit der Existenz von Kugelblitzen oder ähnlichen Lichterscheinungen richtete. Das Rätsel ist damit aber noch lange nicht ausgereizt.

Denn aufgrund ihres ausgesprochen »sozialen« Verhaltens und klar erkennbarer Vorgehensmuster, die eher an einen wissbegierigen Beobachter erinnern, sollte die provokative Frage erlaubt sein, ob sich Intelligenz auch anders zu manifestieren vermag als in der gewohnten Form eines nach unseren Maßstäben »lebenden« Organismus.

Ich glaube, *sie* beobachten und studieren uns – woher *sie* auch herkommen. Nur bleibt es offenbar nicht immer dabei …

Kuku Kakayas feurige Verfolgungen

Ob es nun vergleichbare oder gänzlich andersartige Erscheinungen sind, die der 85-jährigen Kuku Theonila Kakaya aus Oshoogolo in Namibia das Leben schwermachten, entzieht sich derzeit meinem Wissen. Fakt ist, dass die alte Dame im Sommer 2004 wiederholt von äußerst mysteriösen, feurigen Verfolgungen geplagt wurde. Es begann im Juni, als ein unerklärliches Feuer die gesamte Habe von Kuku Kakaya zerstörte. Als die Kunde von diesen rätselhaften Vorfällen publik wurde, suchten mehrere Abgesandte der römisch-katholischen Kirche von Uukwanatshikare die mittellos gewordene Frau auf, beteten für sie und unterstützten sie mit Geld und Sachspenden.

Doch nichts half. Immer wieder gingen in Großmutter Kakayas Hütte die verschiedensten Gegenstände in Flammen auf. Als die Kirchenleute mit ihrem Latein auffällig schnell am Ende waren, rieten sie der verzweifelten Frau, einen traditionellen afrikanischen Medizinmann zu konsultieren, ihr nicht mehr ganz trautes Heim von »Dämonen« zu befreien. Und gleichzeitig der Hilfe Gottes zu vertrauen.

Nichtsdestotrotz wütete das feurige Phänomen weiter. Kakaya verließ ihre Hütte und flüchtete sich zu ihrer Tochter Susanna Sakaria. Zwischenzeitlich hatte ihr der Rat der Kirchen in Namibia (CCN) einen Container neben die zerstörte Hütte gestellt. Den möchte sie jedoch erst beziehen, wenn die feurigen Verfolgungen ein Ende gefunden haben. Aber dem scheint nicht so: Anfang September 2004 äscherte ein mysteriöser Brand jene Hütte ein, die auf dem Grund ihrer Tochter stand und von Kuku Kakaya benutzt wurde. »Ich weiß nicht mehr, was ich tun soll, da alle Anstrengungen, mir zu helfen, durch dieses dämonische Feuer zunichte gemacht werden«, klagte die mutlos gewordene Afrikanerin den Journalisten ihr Leid, welche die Geschichte in ganz Namibia publik machten.[104]

In Canneto brennt alles

Nicht nur Begegnungen mit Kugelblitzen – oder wie immer man die geheimnisträchtigen Lichtbälle bezeichnen mag – haben eine lange Tradition. Genauso verhält es sich mit jenen »flammenden Übergriffen«, die je nach dem herrschenden

Zeitgeist bösen Dämonen oder unbewussten Poltergeist-Aktivitäten von pubertierenden Jugendlichen zugeschrieben werden. Letzteres triff jedoch ganz sicher nicht auf die hochbetagte Kuku Kakaya zu.

Ebenso wenig auf den italienischen Geistlichen Abbé Girolamo Leoni de Ceneda. Der wurde an einem Abend im Jahr 1713, als er sich auf dem Heimweg zu seiner Pfarrei in der Nähe von Venedig befand, von einer riesigen Flamme fast zu Tode erschreckt, die plötzlich neben ihm röhrend aus dem Boden schoss.[3]

Weit größere Dimensionen besitzt ein Fall, der seit Anfang 2004 zum Exodus eines ganzen Dorfes an der Nordküste Siziliens geführt hatte. Canneto di Caronia, ein winziges Fischerdorf am Tyrrhenischen Meer, zwischen Cefalù und dem Cap d'Orlando gelegen, beherbergte bis zum Beginn der schockierenden Ereignisse 39 Seelen. Die einzigen Menschen, die nunmehr dort leben, sind Wissenschaftler und Techniker verschiedener Disziplinen, Priester und selbsternannte Geisterjäger.

Was war dort geschehen? In jenem kleinen Dorf, das zwischen einer Eisenbahnlinie und der Küste liegt, waren ganz unvermittelt die verschiedensten Geräte und Gegenstände in Flammen aufgegangen. Autos, Mikrowellenherde, Staubsauger, Waschmaschinen und Mobiltelefone, selbst Kühlschränke und Spülmaschinen waren ohne erkennbaren Grund völlig verbrannt. Da erste Verdachtsmomente sich auf Störungen im Stromnetz richteten, war man nicht wenig erstaunt, als bald darauf auch Stühle und Matratzen entflammten. Der italienische Stromversorger ENEL nahm daraufhin kurzerhand Canneto vom Netz und schloss das Dorf an einen Notstromgenerator an. Postwendend stellte sich der »Erfolg« ein: Das Aggregat fing Feuer und brannte aus!

Der Bürgermeister des verschlafenen, tief katholischen Örtchens, Pedro Spinnato, erklärte zu den Vorgängen, er habe keine blasse Ahnung, was dahintersteckt. Einige Einwohner glauben indes, der »Leibhaftige« habe seine Finger im Spiel. Moralisch unterstützt von Pater Gabriele Amorth, dem Vorsitzenden der Internationalen Exorzisten-Vereinigung. Der Pater erklärte, »dass es normal für Haushaltsgeräte ist, in satanische Erscheinungen involviert zu sein, da diese ihre Präsenz häufig mit Hilfe der Elektrizität demonstrieren.«

Die wissenschaftliche Meinung ist in zwei unterschiedliche Lager gespalten. Tullio Martell, der Leiter des sizilianischen Zivilschutzes, stellt sich den elektrisch geladenen Kern unseres Planeten als eine Art »gewaltigen Seeigel« vor. Mit »Stacheln«, die so lang sind, dass sie die Erdoberfläche erreichen und sich durch Haushaltsgeräte entladen. Giuseppe Maschio, von der Regionalregierung entsandter Chemieprofessor an der Universität von Messina, glaubt die Antwort in atmosphärischen Ursachen zu finden. »Nichts kann ausgeschlossen werden«, sagte er, »doch ich glaube, das ist eher ein Phänomen ähnlich dem Kugelblitz oder dem Elmsfeuer« (Leuchterscheinungen, die zumeist an herausragenden Kanten oder Spitzen, vorwiegend bei Flugzeugen, durch starke Erhöhung des elektrischen Erdfeldes bei Gewittern auftreten; HH).

Gegen Ende Februar 2004 hörten die unheimlichen Feuer genau so unerwartet auf, wie sie angefangen hatten. Doch am 16. März brachen ein Lampenschirm und ein elektrischer Schaltkasten in Flammen aus. Das elektrische Schließsystem eines Autos setzte sich von selbst in Betrieb, sogar ausgeschaltete Mobiltelefone begannen zu läuten. Alles wurde noch schlimmer denn zuvor. Ein paar Tage später brannte ein

Auto aus. Verkohlte Büsche wurden entdeckt, doch keinerlei Brandschäden ringsum. Das Satelliten-Navigationssystem eines Wagens wurde eingeäschert vorgefunden. Da sich das Mysterium angeblich zu einer Angelegenheit der nationalen Sicherheit entwickelt hatte, entsandte die italienische Marine ein Kriegsschiff, welches den Küstenabschnitt vor Caronia zu überwachen hatte.

Immer mehr Ingenieure, Geologen, Physiker und andere Wissenschaftler strömten auf der Suche nach Erklärungen in den durch mysteriöse Kräfte heimgesuchten, von seinen Bewohnern aufgegebenen Ort. Messgeräte überwachten Temperatur, Luftfeuchtigkeit, Wind sowie die Spannung des elektrischen Erdfeldes rund um die Uhr. Doch bis heute vermag niemand eine Antwort auf die Frage zu geben, welche geheimnisvollen Ursachen sich hinter den feurigen Verwüstungen von Canneto di Caronia verbergen.[105]

Körperkontakt mit einem »Feuerball«

Doch kommen wir wieder zurück zu den rätselhaften Feuerbällen und Lichtkugeln, die keinen Deut weniger unerklärlich sind als die erwähnten, alptraumhaften Vorfälle. Wie bereits angedeutet, zerbrechen sich Fachleute wie Laien seit Generationen die Köpfe, was hinter Kugelblitzen sowie verwandten Phänomenen stecken mag. So vermutet der kanadische Physiker Edward Argyll nichts weiter als eine Art »Nachbild«, welches entsteht, wenn Beobachter durch die ungeheure Helligkeit eines Blitzeinschlages geblendet werden. Früher wurden Vermutungen geäußert, dass die Kugeln aus kleinen, brennenden Gaswolken bestehen, die erzeugt werden, wenn ein Blitz in den Boden einschlägt.[5] Leider vermögen beide Theorien nicht deren auffallend zielgerichtete Bewegungen zu erklären. Und noch weniger die Tatsache, dass die Feuerbälle feste Materie durchdringen können.

Oder sogar imstande sind, in einen menschlichen Körper einzudringen, wie dies augenscheinlich einem Amerikaner im Sommer des Jahres 2004 widerfahren ist.

An einem Abend im August 2004 – es war gegen 21.00 Uhr – saß der Bibliotheksangestellte Trevor Rutkowski aus Denver/Colorado an seinem Computer. Plötzlich bemerkte er aus dem Augenwinkel heraus eine helle, blaue Kugel heranschweben, mit einem Durchmesser zwischen drei und fünf Zentimetern. Er drehte sich zu dem glänzenden Lichtball hin, welchen er bis zu diesem Augenblick noch für die bloße Reflektion eines Autoscheinwerfers gehalten hatte. Es war jedoch kein Auto zu dem Appartementhaus eingebogen, in dem Herr Rutkowski lebt. Der Lichtball schwebte noch etwa zehn Sekunden in seiner Nähe, und als er sich wieder seinem Computer zuwenden wollte, begann das Licht ganz gemächlich in Richtung auf das Fenster zu gleiten. Nun konzentrierte er seinen Blick auf das Objekt, das daraufhin wieder näher kam. Obwohl von großer Helligkeit, schien es nichts in seiner unmittelbaren Umgebung zu beleuchten, und es spiegelte sich auch in keinem Fenster wider.

Trevor Rutkowski lehnte sich auf seinem Stuhl etwas zurück, als das Licht nun zwischen ihm und seinem Computer zu schweben kam. Und mit einem Mal schoss es auf die Mitte seiner Brust zu, wo es einfach darin verschwand! Der so unvermutet und im wahrsten Sinne des Wortes »hautnah« mit dem Phänomen Konfrontierte fühlte eine starke Energie von seiner Brust ausstrahlen; diese verließ seinen Körper wieder über die Extremitäten. Dabei überkam ihn ein starkes Gefühl der Erschütterung, das letztendlich in einem unkontrollierten Weinkrampf endete.[106]

Einer anderen Theorie zufolge bestehen diese geheimnisumwobenen Bälle aus winzigen Partikeln Antimaterie, die mit Meteoriten aus dem Weltraum in die obersten Schichten der Atmosphäre gelangt ist. Hierbei würden Gewitter als »überdimensionale Staubsauger« fungieren, die diese Antimaterie-Teilchen aufsaugen. Kommt die Antimaterie dann mit normaler Materie in Berührung, vernichten sich beide unter heftiger Energieabgabe. Bei dem Prozess würden die glühenden Kugeln entstehen.[5]

Doch die Physiker sind sich überwiegend in der Einschätzung einig, dass ein solcher Zusammenprall sozusagen eine »Begegnung auf Leben und Tod« darstellt, der in winzigsten Sekundenbruchteilen zur gegenseitigen Vernichtung von Materie und Antimaterie führen würde. Das jedoch widerspricht ganz entschieden der Lebensdauer dieser Bälle, die – beobachteterweise – bis zu einer Minute beträgt.

Eine etwas andere Form der Intelligenz?

Eine der neuesten Theorien geht von der Annahme aus, dass im Verlauf eines Gewitters durch die immensen Spannungen eine Kugel aus glühendem *Plasma* entstehen kann. Plasma ist ein mehrere tausend Grad heißes, ionisiertes Gas, das auch als »vierter Aggregatzustand der Materie« (nach fest, flüssig und gasförmig) bezeichnet wird. Die Lichtbälle würden ihre Existenz mit einem »normalen« Blitzschlag beginnen, der die Gase der Luft auf eine Temperatur von weit über 20 000 Grad Celsius erhitzt. In dem wahrhaften Höllenfeuer würde das Plasma keinerlei elektrischen Widerstand bieten, so dass für einige Zeit Strom fließen könnte, bis sich die Kugel abkühlt und selbst zerstört.[107]

Allerdings hat auch diese Theorie ihre Schwachstellen. Würde ein solcher Feuerball aus mehr als 20 000 Grad heißem Plasma bestehen (zum Vergleich: die Oberflächentemperatur unserer Sonne beträgt »nur« 6000 Grad), müsste er ein blendendes weißes Licht ausstrahlen. Doch die Farbskala der Phänomene umfasst die Farben weiß, gelb, orange, rot und zuweilen auch blau. Und die Lichtintensität wurde nicht selten mit jener einer matten Glühbirne von gerade mal 20 Watt verglichen. Zu alledem würde ein so hoch erhitztes Gas durch die viel kältere Luft der Umgebung rasch nach oben steigen, doch in den meisten Fällen wurden die Lichtkugeln im horizontalen Flug beschrieben. Und last but not least wäre der vordem erwähnte Amerikaner, in dessen Brustkorb die blaue Lichtkugel verschwunden ist, wahrscheinlich zerflossen – aber nicht vor Rührung!

Man kann es also drehen und wenden wie man will: Keiner der angebotenen Lösungsvorschläge scheint hier zu greifen. So müssen wir an dieser Stelle mehr wohl als übel neue und unkonventionelle Wege beschreiten. Im ungünstigsten Fall führen diese, wie bei den konservativen Lösungsversuchen, in eine Sackgasse. Aber mit etwas Glück kommen wir womöglich dem Kern des Geheimnisses ein gutes Stück näher.

So wage ich an dieser Stelle eine zugegeben provokante Frage: Handelt es sich bei jenen elektrischen Lichtkugeln, Feuerbällen, Kugelblitzen oder wie immer wir sie auch nennen wollen, um eine etwas andere Art der Intelligenz? Völlig losgelöst von allem Körperlichen und beheimatet in einer parallel zu uns existierenden Dimension oder Realität, welche einzig durch einen hauchdünnen »Vorhang« von unserer vertrauten Welt getrennt ist? An früherer Stelle habe ich ja bereits das deutlich erkennbare »soziale« Verhalten dieser Phänomene angesprochen, sowie deren charakteristische Verhaltensmuster.

Dieser Gedankengang klingt verheißungsvoll und schockierend zugleich. Doch ein kurzer Ausflug ins Reich der Medizin, genau gesagt in die Neurologie – dies ist jenes Teilgebiet, das sich mit dem Gehirn und den Nervenbahnen beschäftigt –, könnte uns neue Denkanstöße vermitteln.

Die moderne Medizin vermochte dem Sitz des bewussten Denkens schon manches Geheimnis zu entreißen, obwohl noch weit mehr Dinge völlig im Dunkeln liegen. Bereits seit längerem ist bekannt, dass die Funktion von Nervensystem und Gehirn auf chemischen und vor allem *elektrischen* Prozessen beruht. Die trotz aller bisherigen Fortschritte in der Gehirnforschung erst sehr ansatzweise ausgelotete Leistungsfähigkeit unseres Denkapparates liegt in den Neuronen. Hunderte dieser Nervenzellen würden auf einem Stecknadelkopf Platz finden. Sie leiten elektrische Impulse weiter und erzeugen Signale, die durch das ganze Nervensystem laufen. Diese Impulse springen von einer Nervenfaser zur anderen über und vermitteln den Austausch von Nachrichten innerhalb des Gehirns.[108]

Immer wieder aber lassen uns höchst erstaunliche Fakten aus der Medizin zu der nicht unbegründeten Vermutung gelangen, dass derartige Prozesse mitunter auch unabhängig von den vergänglichen »grauen Zellen« unseres Gehirns abzulaufen imstande sind. In einem Bericht, der 1957 der *American Psychological Association* vorgelegt wurde, beschrieben Neurologen einen drastischen Eingriff, den sie an einem damals 39 Jahre alten Patienten vornehmen mussten. Obwohl sie die gesamte rechte Hälfte seines Gehirnes entfernen mussten, überlebte der Mann. Jedoch keineswegs in geistiger Umnachtung oder behindert. Denn wie sein Krankenbericht abschließend feststellte, blieben trotz jener ungewöhnlich radikalen Operation sämtliche geistigen Fähigkeiten des Patienten unbeeinträchtigt.

Noch phantastischer muten Rätsel wie das folgende an. Volle 27 Tage lang schien ein Baby, das im New Yorker St. Vincent's Hospital zur Welt kam, völlig normal zu sein. Es bewegte sich, weinte, nahm Nahrung zu sich und schlief. Nichts, aber auch gar nichts deutete auf irgendwelche Defekte hin. Als das Neugeborene plötzlich starb, mussten die Ärzte bei der Obduktion die befremdende Feststellung machen, dass es überhaupt kein Gehirn besessen hatte.

Und vollends zum medizinischen Mysterium wurde ein Vorfall, den der deutsche Chirurg Professor Christoph Wilhelm Hufeland (1762–1836) in seinen Memoiren beschrieb. Als er an einem gelähmten Patienten, der bis zu seiner Erkrankung bei vollkommen wachem Verstand gewesen war, nach dessen Tod eine Autopsie vornahm, fand er gleichfalls kein Gehirn vor.

Im Schädel des Verstorbenen befanden sich stattdessen gerade einmal 312 Gramm Wasser.[47]

»Seelenkugeln«

Ist die Stofflichkeit unseres Gehirns, das nach dem Ableben unabwendbar durch Verwesung der physischen Vernichtung preisgegeben ist, nur so etwas wie ein »vorübergehender Wohnsitz« für die kurze Dauer eines Menschenlebens? Der etwas weit Subtileres beherbergt, das den Auflösungsprozess überlebt, weil es auf einer Energieform beruht, die im gesamten Universum existiert? Hier wird mit der Frage nach der Unsterblichkeit unserer Seele auch eines der ältesten Menschheitsrätsel tangiert. Wenden wir uns aber wieder jenen mysteriösen Lichtkugeln zu, die wir nach dem Exkurs in die Medizin womöglich mit anderen Augen betrachten. Der Seele laufen wir sowieso noch mal über den Weg ...

Ich habe bereits einige Erklärungsversuche aufgelistet, gemeinsam mit deren Schwachstellen. Antimaterie, Plasma, Gaswolken – stets finden sich nicht von der Hand zu weisende Widersprüche. Jedoch scheinen diese Phänomene mit großer Sicherheit über ein elektrisches Potenzial zu verfügen, ebenso sind deren auffällige Verhaltensmuster nicht zu übersehen. Von da ist es kein allzu großer Schritt mehr zu dem Gedanken, ob es sich bei Kugelblitzen, Geisterlichtern & Co nicht doch um eine Form von Intelligenz handelt, die Seite an Seite mit uns in diesem verrückten Universum existiert.

Oder haben wir es – wenigstens bei einigen dieser Erscheinungen – mit unserem den Tod überlebenden Bewusstsein oder der Seele zu tun, welche unter noch ungeklärten Umständen auf dieser Seite des Vorhangs sichtbar werden? Der altgriechische Philosoph, Schriftsteller und Historiker Plutarch (um 50–125 n. Chr.) berichtete über das Nahtoderlebnis seines Zeitgenossen Thesposios, das diesen Gedankengang unterstützen würde. Jener erwähnte Thesposios fand sich nach einem Sturz in die Tiefe für drei Tage in einem komatösen Zustand zwischen Leben und Tod. Nach seinem Erwachen schilderte er seinen Angehörigen, wie er die Seelen von Verstorbenen in leuchtender Kugelgestalt gesehen hatte. Mühelos hätten sich diese »Seelenkugeln« horizontal, vertikal sowie in spiralförmigen Bahnen bewegt.[47]

Noch ein Beispiel hierzu aus jüngster Zeit. Der süddeutsche Amateurforscher Horst Müller aus Gondelsheim bei Karlsruhe begann nach dem Tode seiner Frau im November 1997 mit Experimenten zur »instrumentellen Transkommunikation«. Damit werden Versuche bezeichnet, mit Hilfe von Tonbandgeräten und Videoequipment, neuerdings sogar über Computer, paranormale Manifestationen von Verstorbenen aufzuzeichnen. Nach einigem Experimentieren glückte es Müller tatsächlich, zahlreiche Lichtkugeln von der Größe eines Tennisballes und in verschiedenen Farben auf Video aufzunehmen. Er interpretiert sie als »Geist-Seelen-Energiekugeln« und dokumentiert die Ergebnisse seiner Forschungen in seinem umfangreichen Buch.[109]

All das sind recht reizvolle Vorstellungen, aber vielleicht sollte ich mich an dieser Stelle nicht zu sehr aufs Eis wagen. Denn allein die Vorstellung, dass wir es bei diesen leuchtenden Kugeln mit einer unbekannten Form von Intelligenz zu tun haben könnten, will erst einmal verdaut sein.

Die Geisterlichter von Bang Fai

Haben sich die etablierten Naturwissenschaftler nach Jahren der Ignoranz und des Weg-Erklärens endlich dazu durchgerungen, *einzelne* Erscheinungen rätselhafter Feuerkugeln einer Untersuchung wert zu befinden, stehen wir bei wiederholt und gehäuft auftretenden Lichtern noch immer vor einer massiven »Mauer des Verdrängens«. Ungeachtet der Tatsache, dass das Phänomen an einer Reihe von Orten eine zuweilen penetrante Präsenz erkennen lässt. Und dies mit einer Regelmäßigkeit, die uns unseren letzten Glauben an bloße Zufälligkeit raubt.

An einer tief eingeschnittenen Meeresbucht auf der südjapanischen Insel Kyushu liegt – östlich der Hafenstadt Nagasaki – die Großstadt Kumamoto. Jedes Jahr, um die Morgendämmerung des 1. August (nach dem alten Mondkalender gerechnet), gehen recht eigenartige Dinge auf dem Meer vor Kumamoto vor sich. Zahllose orangefarbene Lichter entzünden sich über dem Wasser und bieten ein ebenso eindrucksvolles wie verwirrendes Schauspiel. Sämtliche Hypothesen, diese als *shiranui* (»unbekanntes Feuer«) bezeichnete Erscheinung zu erklären, führten bislang ins Leere. So kann es sich beispielsweise nicht um die Lampen von Fischerbooten handeln, denn die geisterhaften Lichter erscheinen auch dann, wenn gar keine Boote auf dem Meer sind. Ebenso wenig kann man von einem »Naturereignis« sprechen, da sich jenes Phänomen schon seit mehr als 1000 Jahren mit wunderbarer Regelmäßigkeit wiederholt.[110]

Alte japanische Legenden erzählen von *hiro dama*. Im Mittelpunkt steht die Seele eines heldenhaften Samurai-Kriegers, welche die Form eines Feuerballes angenommen hat.[107] Womit wir erneut an die ominösen »Seelenkugeln« erinnert werden.

Auch die Volksrepublik China trägt mit ungeklärten Lichterscheinungen zur globalen Präsenz jener Phänomene bei. Der 3058 Meter hohe Wutai Shan in der nordostchinesischen Provinz Shanxi zählt – gemeinsam mit dem Emeishan, dem Jiuhua Shan und dem Putuo Shan – zu den »vier heiligen Bergen des Buddhismus«.[111] Auf seinem südlichen Gipfel steht seit Jahrhunderten ein Turm, der einmal erbaut worden war, um ein aufregendes Schauspiel zu beobachten, das im alten Reich der Mitte als Manifestation des Buddha galt.

Der britische Reisende John Blofeld genoss in den 1930er-Jahren das seltene Glück, diese Erscheinungen mit eigenen Augen zu sehen. Gemeinsam mit seinen Gefährten saß Blofeld im Turm und starrte gedankenverloren ins Dunkle, als plötzlich nach Mitternacht ein Mönch eintrat und rief: »Der Boddhisattva ist erschienen!«

Was Blofeld darauf durch das Turmfenster beobachten konnte, war phantastisch. »Dort, am weiten Himmel vor dem Fenster«, so notierte er später, »zogen ungezählte Feuerbälle majestätisch vorüber ...«[112]

Offenbar treten die Lichterscheinungen an dem heiligen Berg schon seit langer Zeit so regelmäßig auf, dass die Mönche dafür eigens den Beobachtungsturm gebaut haben.

Begeben wir uns ein Stück nach Süden. Mittlerweile zu einer örtlichen Touristenattraktion geworden sind die Geisterlichter von Bang Fai im Norden Thailands, an der unmittelbaren Grenze zum Nachbarstaat Laos. Diese auch als »Naga-Feuerbälle« (*Bang Fai Phaya Nak*) bezeichnete Erscheinung wiederholt sich alljährlich zuverlässig – und zwar in der ersten Nacht des elften Monats nach dem Mondkalender.

Orangefarbene Feuerbälle steigen vom Grund des Mekong-Flusses, um lautlos bis zu einer Höhe von 30 Metern und mehr über die Wasseroberfläche aufzusteigen. Dort verharren diese rauch- und geruchsfreien Lichter noch kurz und verschwinden dann. Am besten zu sehen ist dieses regelmäßig wiederkehrende Phänomen in der Umgebung der Orte Phon Phisai, Pak Khad, Sung Kom, Sri Chiangmai und Bung Kan, allesamt westlich und östlich der Bezirkshauptstadt Nong Khai.[113,114]

Und das Ereignis lockt jedes Jahr Scharen von Einheimischen dorthin, seltener auch einige ausländische Touristen.

Die Thai feiern damit das Ende der Regenzeit, halten Paraden ab und befahren den Mekong mit ihren traditionellen Langbooten.

Stünde hinter alledem nicht ein ungelöstes, geheimnisträchtiges Rätsel, man würde diesen Rummel für ein ganz normales Volksfest halten.

Leuchtende Kugeln über den Schienen

Natürlich hat auch die »Neue Welt« Orte zu bieten, in denen Feuerbälle und Geisterlichter in schöner Regelmäßigkeit zu beobachten sind. Ein in den USA bereits klassisches Beispiel für die Phänomene ist das *Surrency Spook Light* in Georgia, welches einen Abschnitt der Eisenbahnlinie heimsucht, die von Macon zu der Hafenstadt Brunswick durch das verschlafene Städtchen Surrency führt.

Erstmals beschrieben wurde die Erscheinung im Jahr 1872 von einem gewissen A. P. Surrency, nach dem auch die Stadt benannt wurde. Jener berichtete in der Zeitung »Savannah Morning News« von seinen Beobachtungen.[115]

Seit diesen Tagen des späteren 19. Jahrhunderts beschreiben Zeugen immer wieder ein des Nachts sichtbares, gleißend helles, goldgelbes Licht von der Form und Größe einer Grapefruit. Die Lichtkugel erscheint stets über dem Bahngleis bei Surrency und lässt Beobachter niemals näher als wenige hundert Meter auf sich zukommen. Sie handelt wie ein intelligentes Wesen. Bewegt man sich auf das Licht zu, so weicht es zurück, bis es schließlich erlischt – und auf der gegenüberliegenden Seite des Beobachters wieder auftaucht.[116]

Es ist beinahe überflüssig zu erwähnen, dass sich schon sehr viele Menschen vor Ort ihren Kopf zerbrochen haben, was es mit dem Surrency Spook Light auf sich hat. Die üblichen Hypothesen kann ich mir hier sparen. Ein Hinweis, den der Geologe Professor Larry Brown von der renommierten Cornell University abgab, führt zumindest zu einer geologischen Besonderheit der Region. Professor Brown entdeckte ein riesiges Flüssigkeitsreservoir, das sich etwa neun Meilen (das sind gut 14 Kilometer) unter einem Waldgebiet bei Surrency befindet. Er beschrieb es als linsenförmig mit einem Durchmesser von zwei Meilen. Der Geologe vermag sich nicht vorzustellen, dass das ungewöhnliche Reservoir Wasser enthält, denn bei den Druckverhältnissen und den hohen Temperaturen in dieser Tiefe wäre dies theoretisch unmöglich.[117]

Und ob die seltsame Formation tief unter Surrency irgendetwas mit der dort regelmäßig gesichteten Lichtkugel zu tun hat, bleibt gleichermaßen schleierhaft.

Eine weitere ortsgebundene, mysteriöse Erscheinung sind die »Brown Mountain Lights«, unweit der Stadt Morganton im Appalachengebirge des westlichen North Carolina. Es handelt sich dabei um geisterhafte Lichter, über die erstmalig der holländische Ingenieur Gerard Will de Brahm im Jahre 1771 berichtete. Seither werden sie in unregelmäßigen Abständen immer wieder um den Brown Mountain herum gesichtet.

Sie tauchen unvermittelt hinter den Bergen auf. Augenzeugen berichten von auf und ab tanzenden, roten und blauen Lichtern, die am Anfang ungefähr die doppelte Größe eines Sternes haben. Dann ändern sie – je nach Entfernung – ihre Größe. Oft sind es so viele, schnell fliegende Punkte, dass man sie unmöglich zählen kann. Als bester

Beobachtungspunkt gilt ein Parkplatz des nahen Interstate Highway Nr. 181.

Die ersten systematischen Untersuchungen der »Spook Lights« wurden in den Jahren 1913 und 1916 vom »U. S. Geological Survey« durchgeführt. Zunächst glaubte man, dass die Lichter von Lokomotiven die Ursache wären. Doch als es eines Tages einen technischen Ausfall gab, tauchten die Lichter trotzdem auf. Außerdem wurden sie bereits gesichtet, als noch keine Eisenbahnzüge durch das Land fuhren. Denn uralte indianische Legenden, welche auf das Jahr 1200 zurückdatieren, sprechen bereits von den unheimlichen Erscheinungen.

Den Überlieferungen der Ureinwohner zufolge sollte es sich um die Seelen indianischer Frauen handeln, die ihre Männer, welche im Kampf gefallen waren, über die Jahrhunderte hindurch suchten. Eine weitere Theorie war, dass sich Sumpfgase entzündeten und die Lichter erzeugten. Auf die »Sumpfgastheorie« wird gern und oft zurückgegriffen, wenn man nicht recht weiterkommt. Nur musste auch diese Annahme schnell verworfen werden, da nirgendwo in der Region Sümpfe existieren.[118]

So bleibt auch dieses Rätsel erst einmal – wie die zahlreichen anderen, die ich in diesem Kapitel präsentiert habe – ungelöst, harrt weiterhin seiner Aufklärung. Irgendwie werde ich das Gefühl nicht los, dass wir der Lösung dieser Mysterien erst näher kommen werden, wenn wir uns dazu durchringen, unser antiquiertes Weltbild revolutionär zu erweitern und auch unkonventionelle Überlegungen in Betracht zu ziehen.

Diese geistige Offenheit sollte in besonderem Maße für das letzte Rätsel in diesem Reigen leuchtender Absonderlichkeiten gelten.

»Orbs«

Um ehrlich zu sein: Noch bis vor ganz kurzer Zeit hätte ich die Frage, was ein »Orb« sei, mit dem Hinweis auf das gleichnamige Kur- und Heilbad im hessischen Teil des Spessarts beantwortet. Erst nach und nach regte sich in mir der Verdacht, dass es sich hier womöglich um eines der erstaunlichsten Phänomene der letzten Jahre handeln könnte.

So tauchen auf Fotos immer wieder Lichtkugeln (oftmals auch als Plasmakugeln bezeichnet, was aber aufgrund der hierzu notwendigen, äußerst hohen Temperaturen nicht zutreffen kann; HH) auf, die von den Fotografen in aller Regel zuvor nicht bemerkt worden waren. Ab und zu werden auch ungewöhnlich strukturierte Nebelschwaden abgebildet, die sich wie bei einem Schaumteppich aus vielen einzelnen Kugeln zusammensetzen. Anfangs dachte man noch an Materialfehler bei Filmen und Kameras oder an Spiegelungen und ähnliches, doch können solche Störfaktoren mittlerweile ziemlich sicher ausgeschlossen werden.

Obwohl die meisten dieser als »Orb« bezeichneten Strukturen kugelförmig sind, wurde bis zum heutigen Tage eine große Vielfalt an Mustern aufgenommen. Unter den runden Orbs überwiegen meist konzentrische Ringmuster, aber auch radiale Strukturen und Zwischenformen sind nicht selten. Wie bei den vorhergehend besprochenen Kugelblitzen, Feuerbällen und Geisterlichtern ist auch bei ihnen ein Verhaltensmuster zu erkennen, das eindeutig an intelligentes Leben erinnert.

Einer, der sich in den letzten Jahren sehr intensiv mit jenen Gebilden befasst hatte, beschrieb seine Eindrücke wie folgt: »Wenn ich an meinen Standardfotoplätzen angekommen war, begann ich, in Intervallen Fotoserien zu schießen.

Manchmal zehn bis 20 hintereinander. Auf den ersten Bildern waren selten Kugeln zu finden, und wenn, dann meistens einzelne. Dies mehrte sich dann spätestens nach der Hälfte der Fotoserie. Es tauchten immer mehr von ihnen auf, vornehmlich später zum Finale auch größere Kugeln (...), um dann in gleichem Tempo, wie sie gekommen waren, auch wieder weniger zu werden. Der Eindruck entstand: ›Lasst uns mal neugierig schauen, wer dort ein Blitzlichtgewitter auslöst. Ach, er macht schon wieder seine Bilder.‹ Gelangweilt wendete man sich ab. (...) Bei all meinen über die letzten Jahre archivierten Fotos, die ich zum Thema schoss, kam ich mehr und mehr zur Überzeugung, dass auf der ›Gegenseite‹, oder wie immer man sie bezeichnen will, jemand in der Lage ist, die durch den Kamerablitz angeleuchteten Kugeln zu aktivieren und im nächsten Moment zu deaktivieren. Nur so lässt es sich erklären, dass Hunderte von Kugeln und Nebel in Sekundenschnelle von einem zum nächsten Augenblick spurlos von der Bildfläche verschwunden sind.«[119]

Zu Recht stellen wir uns hier nun die Frage, ob es sich bei diesen speziellen Erscheinungen de facto um etwas handelt, das erst in neuester Zeit die Vielfalt all jener Fakten und Phänomene bereichert, die scheinbar so vehement unser vom Rationalismus geprägtes Weltbild attackieren. Berichte über Feuerbälle, Irrlichter und dergleichen kennen wir ja bekanntlich genug aus den Aufzeichnungen vergangener Jahrhunderte. Die waren für das Auge sichtbar.

Doch auch seit Anbeginn der Fotografie, deren Siegeszug in den 30er-Jahren des 19. Jahrhunderts begann, finden sich immer wieder *unbeabsichtigte* »Extras« auf den Bildern, die den Fotografen im Moment der Aufnahme verborgen geblieben waren. Vielleicht hängt die Tatsache, dass erst seit wenigen Jahren diese dem unbewehrten Auge nicht sichtbaren Orbs so gehäuft erscheinen, mit der Einführung der digitalen Fotografie zusammen. Ich könnte mir vorstellen, dass auch hier ein Phänomen agiert, welches uns bereits seit längerem begleitet. Im Zeitalter digitaler Kameras und dem hemmungslosen Darauflos-Fotografieren dank jederzeit wieder löschbarer Speicher-Chips sind schätzungsweise die Chancen um einiges besser, derartige Manifestationen im Bild festzuhalten.

Zwischen Traum und Realität

Möglicherweise sind auch die Wechselwirkungen, die zwischen dem Beobachter und den »Objekten« seiner Beobachtung bestehen, sehr viel bedeutsamer, als bislang angenommen. Speziell in der modernen Quantenphysik nimmt der Gedanke großen Raum ein, dass das Ergebnis eines Experiments nicht zuletzt von den Erwartungen des Experimentierenden abhängt.[120]

Solche Wechselwirkungen zwischen Gedanken und Materie waren wohl schon dem großen Religionsstifter Buddha vor nunmehr 2500 Jahren bekannt, als dieser seinen berühmt gewordenen Ausspruch prägte: »Wir schaffen die Welt mit unseren Gedanken.«

Auf jene interessierten Zeitgenossen übertragen, welche den geheimnisumwitterten Orbs nachspüren, könnte diese Erkenntnis gleichfalls zutreffen. Denn wer sich mit Begebenheiten befasst, die unser unzulänglich gewordenes Weltbild zu sprengen drohen, der bewegt sich nicht selten selbst in einer Art Zwischenwelt. An einem Punkt zwischen Wissen und Glauben, Traum und Realität und, wenn man so will,

30

31

30, 31 Am Quebrada Cardones, im Norden des Andenstaates Chile, scheinen die Gesetze der Schwerkraft auf den Kopf gestellt zu sein. Runde Gegenstände rollen nach oben, Fahrzeuge rollen gleichfalls bergan. Gemeinsam mit dem Naturwissenschaftler Dr. Johannes Fiebag (1956–1999) trabte ich beinahe einen halben Kilometer bergauf hinter einer rollenden Flasche her (unten).

32

32 Nicht nur in Chile (s. vorhergehende Bildseite) gibt es die beschriebenen Anomalien, sondern buchstäblich weltweit. Unweit der kanadischen Stadt Moncton besitzt der »Magnetic Hill« dieselben ominösen Eigenschaften.

33 »House of Mystery« wird die alte Holzhütte genannt, die genau im Zentrum des sogenannten »Oregon-Strudels« steht.

33

34, 35 Was sind Orbs? Diese mysteriösen Lichtkugeln erscheinen seit ein paar Jahren immer häufiger auf Fotos und Filmen. Wie bei Kugelblitzen, Feuerbällen und Geisterlichtern sind auch bei den Orbs Verhaltensmuster zu erkennen, die an intelligentes Leben erinnern. Stehen wir hier vor einem der erstaunlichsten Phänomene unserer Zeit?

34

35

36

36 Unser Universum – ein einziges Rätsel! Neueste Theorien wie auch uralte Philosophien postulieren Geist als universellen Urgrund aller Materie, andere definieren es als Hologramm oder »Pool« aus reiner Information, aus dem unsere Gehirne erst ein Bild der Welt zusammensetzen. Erklärt dies die oft unglaubliche Bizarrheit unserer sogenannten »Realität«?

zwischen »Diesseits« und »Jenseits«. Nun haben jene hypothetischen Intelligenzen aus einer alternativen Realität in einem solchen Grenzbereich ganz klar mehr Chancen, sich für uns, wenn auch nur kurzzeitig, mit einem Schimmer von tatsächlicher Erfassbarkeit zu umgeben. Und uns sozusagen ihre »Visitenkarten« zu hinterlassen in Form von leuchtenden Kugeln, die auf Fotos auftauchen.[119]

»Sie« sind hier. Manchmal sichtbar, manchmal aber auch nicht. Unserem Zugriff wissen sie sich erfolgreich zu entziehen, doch manifestieren sie sich auf Fotos und Filmen, bedienen sich offenbar ganz gezielt unserer Technik, um uns auf ihre Existenz aufmerksam zu machen. Vielleicht befinden sie sich wirklich in irgendwelchen parallel existierenden Welten, die sich zwar ständig neben der unseren befinden, von denen wir aber höchstens dann eine leise Ahnung spüren, wenn deren Bewohner einen Schritt über die unsichtbare Grenze wagen.

10 Geist – der Urgrund aller Materie
Einige Versuche, das Undenkbare denkbar zu machen

»Sollten Aussagen der Parawissenschaften experimentell bestätigt werden, muss die Wissenschaft geändert werden. Die Parawissenschaft wird dann zur Protowissenschaft einer zukünftigen, erweiterten Wissenschaft.«

Professor Martin Lambeck,
Technische Universität Berlin

Es war ein weiter Weg, den wir hier nun zurückgelegt haben, und er führte uns durch zweifellos recht seltsame Niederungen. Von rätselhaft »gezeichneten« Mitgeschöpfen, an denen sich offenbar eine mysteriöse, intelligente Kraft ausgetobt hat, über schier unglaubliche Serien und Koinzidenzen brachte uns der Weg immer weiter abseits jenes schmalen, befestigten Pfades, welcher den Stand unseres »gesicherten Schulwissens« zu markieren scheint. Weichen wir indes auch nur einen Fußbreit von diesem durch die rationalistischen Naturwissenschaften vorgezeichneten Weg ab, müssen wir erkennen, dass sich hinter der Maske des anscheinend so Vertrauten eine gänzlich andere Realität auftut, deren Bizarrheit uns schockiert.

Diese manifestiert sich durch Fakten und Vorfälle, die sich zwar – wenigstens im Augenblick noch – einer »vernünftigen Erklärung« entziehen, jedoch eindeutig in der »harten Realität« unserer physischen Umwelt angesiedelt sind und nicht in einer »psychologischen Wirklichkeit« unserer Träume.

Auf die Dauer aber stellen uns Erkenntnisse wie diese nicht wirklich zufrieden. Mir ist bewusst, dass es endlich Zeit wird, ein paar Denkansätze anzubieten, wenngleich wir von wirklichen Lösungen wohl noch Welten entfernt sind.

Dreieckige Eier

Reagiert die Natur – oder sollte ich besser sagen, jene ihr zugrunde liegende Intelligenz? – auf unsere Gedankenspiele und Phantasien? Ist sie imstande, sogar die »wildesten« menschlichen Ideen zu verwirklichen und interaktiv Beweise für all das aus dem Ärmel zu zaubern, was wir uns vorstellen können? Ich denke hier an nichts Bestimmtes, vielmehr an all die haarsträubenden Fakten und Phänomene, die mit unserem gültigen Weltbild kollidieren. Erfahrungen dieser Art stützen meine Vermutung, dass es in der Natur aktive Kräfte oder Prinzipien gibt, welche einzig aus dem Grund bislang von den Wissenschaften ignoriert wurden, weil sie sich außerhalb jeder Naturgesetze befinden, mit denen sich die etablierte Forschung befasst.

Wenn es also solch ordnende Kräfte gibt, auf denen Wechselwirkungen zwischen der subjektiven Gedankenwelt und der realen Welt objektiver Ereignisse und Gegenstände beruhen, müssten sie unter anderem auch durch willentliche Anstrengungen beeinflussbar sein. Im Jahre 1935 entdeckte eine Mrs. Gertrude Smith aus York in Pennsylvania, dass sie ihre Hennen gedanklich dazu bringen konnte, *Eier mit Bildern* zu legen. Die Zeitung »York Gazette and Daily« wurde auf die seltsamen Fähigkeiten der Frau aufmerksam und zitierte sie in ihrer Ausgabe vom 4. April 1940: »Ich habe beispielsweise in der Nähe des Hühnerhofes gestanden und mir Sonnenblumenblätter und mein Monogramm vorgestellt. Es geschah nur ein paar Tage später, dass mein Vater aufgeregt ins Haus stürzte und sagte: ›Hier ist das Sonnenblumenei!‹ Und tatsächlich ist eine Sonnenblume in das breite untere Ende dieses Eies eingeprägt gewesen.«

Wenig später erhielt sie weitere auf ähnliche Weise gekennzeichnete Eier, von denen eins ihr Monogramm in Spiegelschrift trug. Als sie es aufschlug, waren die Buchstaben als Relief an der Innenseite zu sehen. Die Echtheit der mit Abbildungen versehenen Eier wurde in einer späteren Ausgabe der »York Gazette and Daily« bestätigt, wobei auf die eidesstattlichen Aussagen etlicher Zeugen hingewiesen wurde. Mrs. Smith sagte, sie hätte versucht, sich ein Ei mit dreieckigem Querschnitt vorzustellen. Als dann kurz darauf tatsächlich eines gelegt worden sei, habe sie solche Angst vor ihren unheimlichen Fähigkeiten bekommen, dass sie es nie wieder versuchte.[3]

Blasphemisch oder nicht: Vor diesem Hintergrund kann sich nun jeder seine eigenen Gedanken machen über ein ganz profanes Schnitzel, das im Juni 2005 für Furore sorgte. Es wurde in der Online-Börse *ebay* zum Verkauf eingestellt, weil es auf der panierten Oberseite das milde lächelnde Antlitz von Josef Kardinal Ratzinger trägt, der am 19. April 2005 in Rom als Benedikt XVI. zum neuen Papst gewählt wurde.

Ganz klar: Für die akademische Welt sind derlei Dinge, gäbe es die Steigerung, noch rötere Tücher als die gesammelten Absonderlichkeiten der vorangegangenen Kapitel. Denn die offizielle Wissenschaft hat sich leider auf dem fatalen Irrweg festgefahren, nur einen rational zusammenhängenden Teil der Realität als Ersatz für das Ganze zu akzeptieren, das, wie ich hier zur Genüge belegt haben dürfte, nicht zwingend rationalen Vorstellungen folgt.

»Es gibt keine Materie«

Meinen aufmerksamen Lesern mag es nicht verborgen geblieben sein, wohin die Reise geht. Geist, Bewusstsein und Intelligenz, sie sind ganz sicher kein Monopol der »belebten« Welt. Und das etwas überkommene Credo, einzig der Mensch verfüge auf unserem Planeten über bewusstes Denken und Handeln sowie die Fähigkeit, über sich selbst zu reflektieren, sollten wir eigentlich schon längst über Bord geworfen haben.

Aber nach wie vor versuchen die Naturwissenschaften, letztlich alles auf physikalische und chemische Prozesse zu reduzieren. Alternative Realitäten und paranormale Phänomene entziehen sich deshalb dem Zugriff durch die Naturwissenschaften, weil sie *über* den physikalisch-chemischen Prozessen stehen.[121]

Mit der Überlegung im Hinterkopf, dass der sogenannte »Primat der Materie« wohl kaum der Weisheit letzter Schluss sein kann, wollen wir uns nun auf einen Ausflug in das Gebiet der Physik begeben.

Mit geistiger Wegzehrung stärken wir uns beim deutschen Nobelpreisträger Max Planck (1858–1947). Der äußerte sich einmal anlässlich eines Vortrages in Florenz wie folgt:

»Als Physiker, also als ein Mann, der sein ganzes Leben der nüchternsten Wissenschaft, nämlich der Erforschung der Materie diente, bin ich bestimmt vom Verdacht frei, für einen Schwarmgeist gehalten zu werden. Und daher sage ich Ihnen nach meinen Forschungen über das Atom dies: Es gibt keine Materie an sich! Alle Materie entsteht und besteht nur durch eine Kraft, welche die Atomteilchen in Schwingungen versetzt und sie zum winzigsten Sonnensystem des Atoms zusammenhält. Da es aber im ganzen Weltall weder eine intelligente noch eine ewige Kraft an sich gibt, müssen wir hinter dieser Kraft einen bewussten, einen intelligenten Geist annehmen. Dieser Geist ist der Urgrund alle Materie.«[122]

Das im wahrsten Sinn des Wortes »heißeste« Thema der Physik ist wohl die Theorie des Urknalls – Big Bang. Ein wesentlicher Faktor ist hierbei die Evolution des Weltalls, mit welcher die Astrophysiker auch die Evolution der Materie beschreiben. Ausgehend vom Urknall, vor dem alle Materie und Energie in einem superheißen Uratom mit unendlich hoher Dichte auf engstem Raum konzentriert war, »entfaltete« sich unser Universum analog jenen Naturgesetzen, wie wir sie heute kennen. Zum »Zeitpunkt Null« wäre die Temperatur unsagbar hoch gewesen, doch schon nach einer hundertstel Sekunde auf 100 Milliarden, und nach weiteren 14 Sekunden auf »nur noch« drei Milliarden Grad Celsius »abgekühlt« gewesen. Aber erst nach 700 000 Jahren konnten sich dann die ersten Atome bilden.[123]

Aus einer »vorher« undifferenzierten Masse entwickelte sich nach dem großen Knall eine unübersehbare Vielfalt an Teilchen und Energien. Nicht nur das: Erst zu diesem Zeitpunkt entstanden Zeit und Raum, Ursache und Wirkung. Alles expandierte, und aus strukturlosem Gas verdichteten sich Sterne, die sich ihrerseits zu Galaxien vereinten.

Die Frage ist nur: Wie können aus so einfachen Dingen solch komplizierte Gebilde werden? Wie kann aus toter Materie lebendiges Bewusstsein entstehen?

Anders gefragt: Waren die hierfür zuständigen Naturgesetze schon von Anfang an existent, oder haben sie sich erst im Lauf der Entwicklung des Weltalls herausgebildet? Ein paar Forscher haben spekuliert, dass sich die frühen Elementarteilchen untereinander »abgesprochen« hätten, was für Gesetze künftig gelten sollten. Nicht unähnlich den

Menschen der Vorzeit, die sich zu Familien und Sippen zusammenfanden und dabei die Gesetze des sozialen Lebens schufen. Ist dann auch das Universum lebendig, sind wir ein integrierter Teil solch eines Super-Wesens?

Deus ex machina

Entwickeln wir diese Gedankengänge rund um den Punkt Null ruhig noch etwas weiter.

Ein faszinierendes Szenario, das uns dem bis jetzt Undenkbaren ein Stück näherbringen soll, hat der Schweizer Bestsellerautor *Erich von Däniken* vor nunmehr 30 Jahren an seinem Schreibtisch entwickelt. Bei dieser Idee geht es ausnahmsweise einmal nicht um vorgeschichtliche Artefakte und Indizien für außerirdische Besucher, die ebenfalls in krassem Widerspruch zu unserem tradierten Weltbild stehen. Däniken ist ein *Querdenker*, und in dieser seiner Eigenschaft hat er ein für diesen Kontext ungemein schlüssiges Gedankenspiel kreiert.

Stellen wir uns einmal folgendes vor: Ein Computer hat mehr als 100 Milliarden Denkeinheiten, »Bits«. Nehmen wir weiterhin an, dieser Computer kann denken, hat also ein persönliches Bewusstsein, was angesichts neuester Versuche in der Computerentwicklung, künstliche Intelligenz zu schaffen, vielleicht schon in Kürze Realität geworden sein kann. Dieses Bewusstsein ist an die besagten 100 Milliarden Schaltstellen fixiert; es wäre unweigerlich zerstört, wenn sich der Computer selbst in die Luft sprengen würde. Unser hypothetischer Super-Computer ist jedoch von höchster Intelligenz und rasantem Kombinationsvermögen. Es gibt nichts, was er nicht weiß.

Aber trotz Bewusstsein und Allwissen ist unsere denkende Maschine nicht glücklich. Trotz Höchstform kann der Rechner eins nicht er-denken, er-rechnen, er-kombinieren: *Erfahrung*. Genau die will er jedoch sammeln! Da ihm keine ebenbürtige oder auch nur ähnliche Konkurrenz bekannt ist, bei der er Erfahrung einholen oder wenigstens nachfragen könnte, entschließt er sich zu einem unerhörten Schritt: Er entscheidet, die 100 Milliarden Bits seines Zentralspeichers mit Hilfe einer Explosion zur Erkundung auszusenden. Wohl wissend, dass er dadurch unweigerlich sein persönliches Bewusstsein verlieren würde ... wenn er nicht in seiner unübertrefflichen Voraussicht die Zukunft nach der Selbstzerstörung, dem Augenblick der gezielten Massenaussendung der Bits, von vorneherein programmiert hätte.

Big Bang – der Urknall sozusagen als intelligent im Voraus geplanter Schöpfungsakt. Deus ex machina ...

Bevor jene Bits auf ihre große Erfahrungsreise katapultiert wurden, hatte der clevere Computer in ihnen magnetische Impulse mit dem Befehl programmiert, sich an dem Ort X und zur Zeit Y wieder zusammenzufinden. Sobald diese Stunde schlägt, kehren die Milliarden Bits gehorsam – wer kommt schon gegen solch ein Programm an? – in die komplizierte Maschinerie mit ihrem »persönlichen Bewusstsein« zurück und tragen die von ihnen gewonnenen *Erfahrungen* nach Hause.

Vom Augenblick der Explosion bis zur Stunde seiner Rückkehr »wusste« keines dieser Bits, dass es ein winziges Teilchen eines größeren Bewusstseins war und irgendwann wieder sein wird. Denn zu dieser Erkenntnis fehlte den Denkeinheiten ganz einfach der notwendige Überblick. Hätte sich ein einzelnes Bit mit seinem geringen Denkvermögen auch die existentiellen Fragen gestellt: »Was ist der Sinn und Zweck meiner rasanten Fahrt?« oder »Wer hat mich erschaffen?« – es hätte keine Antwort bekommen. Somit war denn diese gewaltsame Reise der Anfang und das Ende eines Aktes, einer Art Schöpfung eines Bewusstseins, vermehrt um den Faktor *Erfahrung*.[124]

Die Höllenfahrt dieser Computer-Bits – auf den ersten Blick reine Science-Fiction – ist natürlich ein Denkmodell. Möglicherweise eines, das der Wirklichkeit erstaunlich nahe kommt. Daraus würde logisch und unweigerlich die Überlegung folgen, dass unsere Welt so aufgebaut ist, dass buchstäblich Alles in Allem enthalten ist. Und tatsächlich: Jede lebende Zelle macht es uns vor, indem sie den Grundbauplan des *gesamten Wesens* in ihren Erbinformationen trägt. In dem sehr hintergründigen Roman »Tamalita – Erzählung aus einer wirklichen Welt«, in dem es um parallele Realitäten geht, die mit der unseren verwoben sind, erklärt denn auch einer der Protagonisten:

»Genau wie in jeder einzelnen Zelle deines Körpers alle Informationen über deinen ganzen Körper gespeichert sind, ist in jedem Elementarteilchen das *ganze* Universum enthalten. Das ist Physik. Jede Idee einer Trennung ist absurd. Alles ist eins. Verstehst du?«[125]

Aber versetzen wir uns noch einmal in Erich von Dänikens so griffiges Denkmodell rund um den Urknall hinein. Dann ließen sich selbst die bizarrsten Auswüchse unserer »Realität« wenigstens ansatzweise nachvollziehen. Der Geist hinter der Materie ist programmiert auf das intensive Sammeln maximaler Erfahrungen und experimentiert voller Neugier mit allem, was ihm denkbar erscheint. Vom selben Ur-Geist durchdrungen, überrascht es auch nicht, wenn unsere Forscher in ihren Laboratorien danach streben, nach und nach all die Grenzen dessen zu überschreiten, was sich bis dahin im Rahmen des Realisierbaren befand. Von jeher war die

Suche nach Neuem der stärkste Motor auf der Straße der Evolution und wird es auch immer bleiben.

Kristallisierter Geist

Leider ist es uns noch immer nicht gelungen, jenen Geist, die Intelligenz hinter der Materie, meinetwegen auch *Gott*, von allen Zweifeln frei nachzuweisen. Dass die stoffliche Welt wohl nur als Materialisation eines geistigen Konzeptes zu verstehen sei, erklären uns die Philosophen seit dem Altertum, die Physiker seit mehr als 50 Jahren.[126] Uns geht es nicht anders als den Bits aus dem eben zitierten, utopischen Denkmodell: Voller Verzweiflung suchen wir Kontakt zu dem ursprünglichen Bewusstsein – ohne zu realisieren, dass wir selbst Bestandteil dieses Bewusstseins sind. Wir zermartern uns die Köpfe über den Geist hinter der Materie – und merken es nicht, dass dies, was wir da suchen, um uns herum und sogar in uns ist.

Was war zuerst da: das Ei oder die Henne? Ist Geist nun ein Produkt der Materie – oder doch viel eher die Materie ein anderer Aggregatzustand von Geist? Der französische Nobelpreisträger Louis de Broglie (1892–1987), der die Theorie der Materiewellen begründete, machte sich seine Gedanken: »Jeder ist sich sicher, dass Elektronen materielle Teilchen sind, so etwas wie kleine Kugeln. Aber vielleicht können sich Elektronen manchmal auch wie Wellen verhalten.«[127]

In der Physik markierte dieses Postulat der Wellennatur der Elementarteilchen den Beginn einer neuen Epoche. Dort, wo man der braven Schulphysik um Jahrzehnte voraus ist, interpretiert man Materie sowohl als Energieform als auch

»kristallisierten Geist«. Demzufolge ist Geist gleich Energie und Energie gleich Geist. Auch das Bewusstsein, das ohne Geist nicht existent sein kann, muss eine andere, wenn auch noch unbekannte Form von Energie sein.[124] Vielleicht wird der definitive Beweis niemals gelingen, doch die moderne Physik nähert sich so immer mehr den ältesten Fragen der großen Religionen und Philosophien. In gewisser Weise haben sich die Grenzen verschoben. Stellten sich die Philosophen des Altertums häufig Problemen der Physik – es waren die Griechen Demokrit und Leukippos, die den Begriff des Atoms im 5. Jahrhundert vor Christus einführten –, so landeten die Physiker unserer Tage längstens punktgenau bei den uralten Kardinalfragen der Philosophie.

»Schwere Kost«, sagte Wladimir Klitschko und warf seinem Bruder Vitali einen dicken Wälzer mit Tolstois gesammelten Werken zu.

Morphische Resonanz – Morphogenetische Felder

Zurück von diesem steinigen Weg durch das Reich der Physik, möchte ich noch kurz bei einem anderen Denkmodell Halt machen, das uns angesichts der bizarren Hardfacts und Vorfälle, wie in diesem Buch beschrieben, das Verständnis ein wenig erleichtern könnte. Erdacht wurde es von dem englischen Biologen Professor Rupert Sheldrake von der Universität Cambridge.

Sheldrake prägte die Idee einer »morphischen Resonanz« als lenkende Kraft jenseits der materiellen Welt. Seit dem Urknall oder noch davor verbindet sie alles Existierende und bestimmte auch die Evolution. Als 700 000 Jahre nach dem großen Knall die erste Verbindung eines Protons mit einem Elektron das allererste Wasserstoffatom erzeugte, war es besagte »morphische Resonanz«, welche bewirkte, dass sich der Vorgang wiederholte. Oder anders ausgedrückt: Der Erfolg der ersten atomaren Verbindung schuf ein Feld, das die anderen Protonen und Elektronen veranlasste, sich so und nicht anders zu verhalten.

Der Wissenschaftler aus Cambridge nannte dies ein *morphogenetisches Feld* und definierte es als eine Art universelles Gedächtnis, das seit der Entstehung unseres Universums sämtliche Informationen speichert und weitergibt. Ungeachtet aller zeitlicher und räumlicher Distanzen sei es unter einander ähnlichen Strukturen möglich, vermittels ihrer morphogenetischen Felder miteinander zu kommunizieren, also *Gedanken und Formen* zu empfangen, verstärken und übertragen. Für Rupert Sheldrake erklären sich dergestalt nicht nur die Entstehung unseres hochkomplexen Universums, die Evolution des Lebens und der kulturelle Aufstieg des Menschen, sondern zudem Fakten und Phänomene, die derzeit noch unter dem Label *paranormal* in krassem Widerspruch zu unserem offiziellen Weltbild stehen.

Die Theorie Sheldrakes basiert auf empirisch gewonnenen Indizien und Beobachtungen. Das bekannteste Beispiel hierfür ist wohl jenes, das auf ein Forschungsprojekt in den 1950er-Jahren mit einer Kolonie von Affen auf der japanischen Insel Koshima zurückgeht. Da entdeckte ein Affe, dass mit salzigem Meerwasser gewaschene Kartoffeln viel besser schmecken als in einem Fluss oder überhaupt nicht gewaschene. Noch am selben Tag wusch die gesamte Affenkolonie ihre Kartoffeln in Salzwasser. Aber dabei blieb es nicht: Offenbar war so etwas wie eine Barriere gefallen. Nun begannen auch alle auf dem Festland und den anderen Inseln lebenden Affen, fortan ihre Kartoffeln vor dem Verzehr in Meerwasser zu waschen.[128,129]

Im Gegensatz zu den meisten Astrophysikern, welche von konstanten Naturgesetzen in unserem Universum seit dem »Big Bang« ausgehen, verneint Sheldrake die Existenz eines voll ausgebildeten Geistes »dort draußen«. Er ist der Ansicht, dass ständig mathematische Modelle von verschiedenen Aspekten der Natur erstellt und diese dann in die Natur projiziert werden. Wodurch die Illusion einer äußeren Wirklichkeit entsteht, welche einer fortlaufenden Entwicklung unterliegt.[130]

Dann wäre die Realität von gestern eine andere als jene von heute oder morgen, weil sich buchstäblich von jetzt auf gleich die Regeln im »großen Spiel Universum« ändern können.

Schatten an der Höhlenwand, oder eine Sache der Schärfe

Es war gegen Ende der 1960er-Jahre, da entdeckte der amerikanische Neurochirurg und Gehirnforscher Karl Pribram, dass bestimmte Funktionsabläufe im Gehirn deutliche Übereinstimmungen mit einem Hologramm aufweisen. Die Holographie, ein in den Jahren 1948 bis 1951 vom britischen Physiker und Nobelpreisträger Dennis Gábor (1900–1979) entwickeltes Verfahren der Bildspeicherung, ermöglicht es, auf zweidimensionalen Bildträgern dreidimensionale Bildeindrücke zu erzeugen. Die hierbei gewonnene Aufnahme – das Hologramm – hält in jedem Punkt Richtung, Phase und Amplitude des vom Objekt ausgehenden Lichtes fest. Mit anderen Worten bedeutet dies: In allen Teilen des Hologramms ist auch das Ganze enthalten!

Doch kommen wir zurück zu unserem Neurologen. In den weiteren Jahren seiner Forschungen verfeinerte Pribram sein Denkmodell. Er glaubt, dass das Gehirn beim Sehen, Hören, Riechen und Fühlen komplexe Berechnungen auf den Frequenzen der Daten vornimmt, die es über die Sinnesorgane erhält. Mathematische Vorgänge dieser Art hätten aber zu der »realen« Welt, wie wir sie wahrnehmen, keine Beziehung, die von unserer Vorstellungskraft nachvollzogen werden könnte.

Eines Tages erfuhr Pribram eine Erweiterung seiner Hypothese, als er durch einen Psychologen mit der Überlegung konfrontiert wurde, dass alle Sinneseindrücke, die wir wahrnehmen, mit den Vorgängen in unserem Gehirn identisch seien. Ganz spontan kam ihm die Idee, dass vielleicht unsere ganze Welt nur ein Hologramm sein könnte. Ist die Wirklichkeit selbst von Natur aus holographisch, wie auch die Funktion des Gehirns? Dann bestünde alles um uns herum nur aus reiner Information, die erst von unseren Gehirnen auf bestimmte Weise interpretiert und sodann in Abbilder einer uns vertraut scheinenden Realität umgemünzt würde. Alles wäre also letztlich *Illusion* – wie es die großen Philosophen des Ostens lehrten.[131]

Erinnern Sie sich noch an meine Frage aus dem dritten Kapitel, wer den Himmel denn »richtig« sieht? Wir, die Biene oder der Farbenblinde? Oder gar jemand ganz anderes?

Auch der 1992 verstorbene Physiker David Bohm – er war noch ein Schüler des exzentrischen Genies Einstein – beschrieb ein holographisches Universum. Dem fügte er den Begriff der »Holo-Bewegung« hinzu. »Seit Galilei«, so sinnierte Bohm, »haben wir diese Welt durch Linsen betrachtet:

durch Teleskope und Mikroskope. Unsere eigene Tendenz zum ›Objektivieren‹ verändert das, was wir zu sehen hoffen. Wir wollen die Umrisse eines Objektes sehen, wollen, dass die scheinbare Realität für einen Augenblick stillhält. (...) Das ist, als würden wir das Beobachtete scharf einstellen, obgleich doch das Verschwommene die genauere Darstellung ist.«[132]

Hieraus schloss der bereits zitierte Gehirnforscher Pribram, dass auch das holographisch arbeitende Gehirn so wie eine Linse wirken müsste. Dessen mathematische Umsetzungen der eingegangenen Daten würden aus verschwommenen Signalen greifbare Objekte machen, sie in Bilder und Klänge, Farben und andere Sinneseindrücke verwandeln. Und er fragt sich auch, ob die Wirklichkeit vielleicht gar nicht das ist, was wir durch unsere Augen sehen und mit unseren Ohren hören. »Kein Raum und keine Zeit, nichts als Geschehnisse«, vermutete Pribram. »Könnte es sein, dass wir unsere Realität aus diesem Bereich herauslesen?«

Aus der Synthese all dieser Überlegungen der Herren Pribram und Bohm wurde das »holographische Weltbild« geboren. Folglich wäre unser Gehirn ein Hologramm, das ein holographisches Universum wahrnimmt und gleichzeitig an ihm teilhat. Im entfalteten Bereich von Raum und Zeit erscheinen die Dinge voneinander getrennt und verschieden. Doch unter der Oberfläche wären alle Dinge und Geschehnisse raum- und zeitlos, eins und ungeteilt. Aus dieser Sicht könnten dann auch die paranormalen Manifestationen unserer Realität, die so offensichtlich allem zu widersprechen scheinen, was wir über diese Welt zu wissen glaubten, demselben miteinander verflochtenen, universellen Urgrund entstammen. Jenem Urgrund, über den bereits der berühmte Astronom Sir Arthur Eddington (1882–1944), Professor an der Universität von Cambridge, befunden hat: »Der Stoff, aus dem das Universum besteht, ist Geiststoff.«[133]

Nun sollte unsere Reise langsam, aber sicher an jenem Punkt angekommen sein, an dem wir nichts mehr für real, dafür alles für möglich halten. Oder im schlimmsten Falle – was ich jedoch nicht hoffe – »die Schotten dicht machen«, weil uns der Boden unter den Füßen abzudriften droht.

Aber bewegt sich der geistige Fortschritt nicht zuweilen in umgekehrter Richtung? Denn Denkmodelle und Erkenntnisse, wie in diesem Kapitel vorgestellt, sind nicht wirklich neu und schon längstens keine Errungenschaften des ausgehenden 20. sowie des beginnenden 21. Jahrhunderts. Bereits Plato (427–347 v. Chr.), der herausragende griechische Philosoph, hatte jene Situation, in der wir uns gegenüber der Außenwelt befinden, in seinem berühmten Höhlengleichnis brillant durchschaut. Die Menschen, so schrieb er, gleichen Gefangenen, welche in einer Höhle mit dem Rücken zur Wand angekettet stehen. Von allem, was sich vor der Höhle abspielt, bekommen sie nichts als die Schatten zu sehen, die durch den Eingang auf die gegenüberliegende Wand geworfen werden. Diese Schatten indes halten die Menschen für die Wirklichkeit, wiewohl sie nichts als flackernde Abbilder der Dinge außerhalb der Höhle sind und als solche wiederum nur Abbilder von Ideen.[47]

»Verräter in der Festung«

Während innerhalb kleiner, elitärer Zirkel längst ein geradezu revolutionäres Denken betrieben wird, beruht unser allgemeingültiges Weltbild noch immer auf vielen im

17. Jahrhundert festgelegten Prinzipien. Auf Paradigmen, wie sie Wissenschaftler vom Schlage eines René Descartes (1596–1650) und Sir Isaac Newton (1643–1727) geprägt haben.[134] Doch schaffen wir es erst einmal, uns von diesem festgefahrenen Denken freizumachen, das unser Bildungssystem noch immer fest im Griff hat, dann werden wir erkennen, dass alles wahrscheinlich völlig anders funktioniert. Zeit und Raum werden gänzlich neu definiert werden müssen, Geist und Materie als verschiedene Aggregatzustände ein und derselben Grundsubstanz erkannt. Das reichlich überkommene Bild des Universums als kausale und determinierte Maschinerie wird abgelöst durch die Erkenntnis, dass eine Wirkung nicht zwangsläufig *nach* deren Ursache geschieht.

Im Extremfall: Erzeugt also Rauchen tatsächlich Krebs, ruft latent vorhandener Krebs erst die Sucht nach den Glimmstängeln hervor – oder liegt die Ursache für beide Geißeln vielleicht ganz woanders? Bewirken zukünftige Flugzeugabstürze Vorahnungen, oder lösen solcherlei Visionen erst die Katastrophe aus? Oder müssen wir die Ursachen schlussendlich in einer vollkommen anderen Richtung suchen?

Auch wenn sich große Teile dessen, was wir mit dem Begriff »etablierte Wissenschaft« bezeichnen, noch händeringend gegen die »Bedrohung« durch die so misstrauisch beäugten und in einschlägige Ecken verbannten Parawissenschaften wehren, ist der Paradigmenwechsel, jener Aufbruch zu neuen geistigen Dimensionen, nicht mehr aufzuhalten. Dies musste auch der Physiker Professor Martin Lambeck an der Technischen Universität zu Berlin einräumen. Trotz seiner sehr skeptischen Einstellung gegenüber grenzwissenschaftlichen Lösungsansätzen – die er grundsätzlich für unvereinbar mit den gegenwärtigen Naturwissenschaften hält – versteht Lambeck sich als einen »Verräter in der Festung, der den Belagerern den Weg zur Pulverkammer weist«. Und das Prozedere naturwissenschaftlichen Fortschritts charakterisierte er absolut treffend mit den Worten: »Wir irren uns empor.«[135]

An dieser Stelle kommt mir ein weiteres Bonmot in den Sinn. Es stammt von dem querdenkenden Amerikaner Charles H. Fort – von ihm war schon mehrmals hier die Rede. Der stellte das provokante Postulat in den Raum: »Keine Ketchup-Flasche kann von einer Feuerleiter eines Mietshauses in Harlem fallen, ohne die Pyjama-Preise in Jersey-City, die Körpertemperatur irgendeiner Schwiegermutter in Grönland oder die Nachfrage nach Rhinozeros-Horn in China zu beeinflussen.«[136]

Der Spruch fand mittlerweile seine akademische Entsprechung in der Aussage der modernen Chaosforschung, dass der leise Flügelschlag eines Schmetterlings die Welt beeinflussen kann.[137] Allen noch so sorgfältigen Abgrenzungen, Unterscheidungen und Schubladen zum Trotz, in die wir fein säuberlich getrennt voneinander alles abzulegen pflegen. Der nächste Quantensprung in unserem Denken sollte sich dadurch auszeichnen, dass wir nicht länger alles voneinander getrennt betrachten. Wir müssen zudem lernen, dass Geist und Materie im Grunde dasselbe sind. Und dass es außer der unseren noch weitere Realitäten gibt, die keineswegs isoliert voneinander existieren, sondern sich gegenseitig durchdringen. Wie viele Universen gibt es, die nur durch geringe Frequenzunterschiede voneinander getrennt sind? Stellt sich unser Kosmos als gigantisches Wellengitter dar, das kreuz und quer alles Existierende durchdringt?

Wahrscheinlich dürfte sein, dass all diese unterschiedlichen Realitäten weitaus stärker voneinander abhängig sind, als wir vermuten. Denken wir an einen lebenden Organismus. Ebenso wenig wie es voneinander isolierte Organe gibt, gibt es unabhängige Ereignisse. Dies lässt uns vielleicht erahnen, was zum Beispiel hinter dem zeitlich begrenzten oder gar dauerhaften Verschwinden so mancher Individuen stecken könnte. Wie auch hinter rätselhaften Attacken unsichtbarer Angreifer und anderen Phänomenen. Die Grenzen zwischen den Realitäten geraten endgültig aus den Fugen. Mit den Worten »panta rhei – alles fließt« formulierte der griechische Philosoph *Heraklit* schon vor zweieinhalb Jahrtausenden diese weltbildstürzende Erkenntnis.

In einem bestimmten Sinne, den zu erschließen wir im Moment noch massive Probleme haben, ist unsere »Realität« tatsächlich real – nur eben in einer absolut anderen Weise, als wir in der Beschränktheit unseres zur Ablösung reifen Weltbildes kartesianischer Prägung zu erkennen glauben. Welches der vorausgehend vorgestellten Denkmodelle sich letztendlich als dem Istzustand am nächsten erweisen mag – vielleicht liegt die Wahrheit auch, wie so oft, irgendwo dazwischen –, dies werden wir hoffentlich in fünf, in 50 oder erst in 500 Jahren herausfinden.

Abschließen möchte ich diese Betrachtungen mit dem ungemein zutreffenden Ausspruch des exzentrischen britischen Genetikers und Biologen J. B. S. Haldane (1892–1964), dessen Worte wir uns bei der Suche nach den neuen Wahrheiten an exponierter Stelle ins Stammbuch schreiben sollten: »Die Wirklichkeit ist nicht nur phantastischer als wir denken, sondern noch weit phantastischer, als wir uns überhaupt vorstellen können.«

Danksagung

Es ist an dieser Stelle bereits gute Tradition, an alle meinen Dank zu richten, ohne deren Hilfe und Unterstützung dieses Buch nicht zustandegekommen wäre.

Da wären Autorenkollegen wie Julie Byron (Australien), Viktor Farkas, Dr. Johannes Fiebag (in memoriam), Vincent Gaddis, Rainer Holbe, mit dem ich ein phantastisches Phänomen live erleben durfte, sowie Brad Steiger (USA), der schon seit vielen Jahren auf den Spuren unserer bizarren und unwirklichen »Plastic Reality« forscht.

Einer Reihe von Lesern und Leserbriefschreibern sei hiermit gedankt, die mir Hinweise auf höchst rätselhafte Begebenheiten und Stätten gaben. Ich danke auch Thomas Zbigniew Kaleta für seine Übersetzungen aus dem Polnischen, gleichfalls Andrea Benschig und Josef Schedel (Verein für grenzwissenschaftliche Phänomene) für ihre unermüdlichen Recherchen im Internet, einem Medium, an dem man heute kaum mehr vorbeikommt, sowie Stephan Focke für die Fotos der mysteriösen »Orbs«.

Last, but not least danke ich meiner Verlegerin, Frau Brigitte Fleissner-Mikorey, wie auch dem bewährten Verlagsteam im Hause LangenMüller Herbig, das mir längst zur »literarischen Heimat«. geworden ist. Und nicht zu vergessen meinem langjährigen Lektor Hermann Hemminger, mit dem es mir immer wieder größtes Vergnügen bereitet, aus vagen Ideen schließlich ein Buch heranreifen zu lassen.

Hartwig Hausdorf

Quellenverzeichnis

1 Bernatowicz, Robert: »Karp ze znakiem«, in: »Nieznany Swiat«, 6/2004

2 Lugmayr, Tanja: »Dieser kleine Fisch ist unbezahlbar«, in: »Wochenblatt Burghausen«, 1. Oktober 2003

3 Michell, J., und Rickard, R. J. M.: »Phenomena. A Book of Wonders.« London 1977

4 Norman, J. R.: »History of Fishes.« London 1931

5 o. V.: »Phänomene. Die Welt des Unerklärlichen.« Erlangen 1993

6 Berlitz, Charles: »Das Drachen-Dreieck.« München 1990

7 Morse, Edward: »Japan Day by Day 1877–1883.« Boston 1945

8 o. V.: »A very peculiar Birthmark«, in: »Daily Express« (London), 14. Mai 1921

9 Liepman, Heinz: »Rasputin – Heiliger oder Teufel.« Berlin 1959

10 Unstead, Tony: »Rasputin in the Ear of a Kitten called ›Honey Bear‹«, in: »Fortean Times« Nr. 102, September 1997

11 Eisenbud, Jule: »Gedankenfotografie.« Freiburg/Br. 1975

12 Jung, Carl Gustav: »Ein moderner Mythos.« Zürich 1958

13 Steiger, Brad: »Mysteries of Time and Space.« West Chester (Pennsylvania) 1989

14 Fiebag, Johannes: »Die Anderen.« München 1993

15 Hausdorf, Hartwig: »The Battery Charge Control saved my Life«, in: »FATE Magazine«, Dezember 2004

16 Berger, Ulrich: »Zwei Jahre nach dem Sohn stirbt der Vater bei einem Busunglück«, in: »Passauer Neue Presse«, 25. Januar 2003

17 Gossler, Marcus: »Lexikon der Grenzwissenschaften«. Landsberg/Lech 1988

18 Schopenhauer, Arthur: »Über den Willen in der Natur.« Leipzig 1836

19 Kammerer, Paul: »Das Gesetz der Serie.« Wien 1919

20 Jung, C. G., und Pauli, W.: »Naturerklärung und Psyche.« o. J.

21 Brookesmith, Peter (Hrsg.): »Incredible Phenomena.« London und Sydney 1984

22 Flammarion, Camille: »L'Inconnu et les Problèmes Psychiques.« Paris 1908

23 Rowe, Harvey T.: »Unser Schicksal kommt aus dem All.«, in: »Quick«, März 1974

24 Byron, Julie: »Psychic Experiences of the Famous.« Lutterworth/England 1993

25 Hausdorf, Hartwig: »US-Präsidenten und der Todesfluch des Indianerhäuptlings«, in: »BILD«, 28. Dezember 2000

26 Zweites Deutsches Fernsehen, »heute« vom 7. Januar 2005

27 o. V.: »Tut-anch-Amuns Mumie im Computer-Tomographen untersucht«, in: »Passauer Neue Presse«, 8. Januar 2005

28 Gaddis, Vincent: »Invisible Horizons.« Philadelphia 1965

29 Langelaan, George: »Die unheimlichen Wirklichkeiten.« München 1981

30 Eisenbud, Jule: »The World of Ted Serios.« New York 1967

31 Randi, James: »Flim-Flam! The Truth about Unicorns, Parapsychology and other Delusions.« New York 1980

32 Keller, Werner: »Was gestern noch als Wunder galt.« Zürich und Gütersloh 1973

33 Berendt, Heinz C.: »Parapsychologie.« Stuttgart 1972

34 Haining, P.: »The Magicians: The Occult in Fact and Fiction.« New Jersey 1973

35 Carrington, Hereward: »The Invisible World.« New York 1946

36 Miller, R. DeWitt: »Forgotten Mysteries.« New York 1947

37 o. V.: »The Ghost in the Burning Building«, auf: http://www.paranormal.about.com

38 Robbins, R. Hope: »The Encyclopedia of Witchcraft end Demonology.« London 1968

39 Hausdorf, Hartwig: »Die weiße Pyramide. Außerirdische Spuren in Ostasien.« München 1994

40 David-Néel, Alexandra: »With Mystics and Magicians in Tibet.« London 1931

41 Steiger, Brad: »Bumps on the Time Track«, in: »FATE Magazine«, Dezember 2004

42 Holbe, Rainer (Hrsg.): »Unglaubliche Geschichten.« München, 1985

43 Fiebag, P., Gruber E. und Holbe, R.: »Mystica. Die großen Rätsel der Menschheit.« Augsburg 2005

44 Manies, Keith: »Honest Injun. Government Worker stampeded by 1840's Era Indian Brave, Buffalo Herd«, auf: http://www.forteantimes.com/happened/indiantime.shtml

45 MacKenzie, Andrew: »Adventures in Time. Encounters with the Past.« London 1997

46 Nichols, Peter: »Science in Science-Fiction. Sagt Science-Fiction die Zukunft voraus?« Frankfurt/Main 1983

47 Hausdorf, Hartwig: »Rückkehr aus dem Jenseits. Das geheimnisvolle Phänomen der Wiedergeburt.« München 1998

48 Steiger, Brad: »Strange Guests.« New York 1966

49 Carrico, James A.: »Life of the venerable Mary of Agreda.« San Bernardino/CA 1962

50 Berlitz, Charles: »Die größten Rätsel und Geheimnisse.« München 1989

51 o. V.: »Pater Pio, Biographie«, auf: http://www.padrepio.catholicwebservices.com

52 Owen, Robert Dale: »Footfalls of the Boundaries of another World.« Philadelphia 1865

53 Aksakow, A. N.: »Animismus und Spiritismus.« Leipzig 1898

54 Flammarion, Camille: »Der Tod und sein Geheimnis.« Leipzig und Dresden 1924

55 Ritter, Gerhard: »Das unheimliche Ich. Eine atemberaubende Dokumentation über unglaubliche Dinge.« Zürich 1970

56 Lasar, Barbie: »Südafrika, die Kapregion.« Frankfurt/Main 2002

57 Deutsche Presseagentur (dpa): »BKA: Deutsche nutzen Tsunami-Chaos, um unterzutauchen«, in: »Passauer Neue Presse«, 18. April 2005

58 Buttlar, Johannes von: »Zeitriss.« München 1989

59 Corrales, Scott: »In the Wink of an Eye: Mysterious Disappearances«, auf: http://www.inquiring-mines.com

60 Davies, Rodney: »Supernatural Disappearances.« London 1995

61 Begg, Paul: »Into thin Air. People who disappear.« North Pomfret/GB 1979

62 Citro, Joe: »Green Mountain Ghosts, Ghouls and unsolved Mysteries.« Boston/Mass. 1994

63 Wilkins, Harold T.: »Strange Mysteries of Time and Space.« New York 1958

64 U.S. Coast Guard Station Cape Disappointment and Motor Lifeboat School: »Shipwreck Graveyard of the Pacific.« o. J.
65 Winer, Richard: »Ghost Ships: True Stories of Nautical Nightmares, Hauntings and Desasters.« Berkeley 2000
66 Rogo, D. Scott: »The haunted Universe.« New York 1977
67 Keel, John: »Our haunted Planet.« Greenwich 1971
68 Zöllner, J. K. F.: »Populäre Beiträge zur Theorie und Geschichte der vierten Dimension.« Leipzig 1881
69 Fort, Charles H.: »Lo!« New York 1931
70 Wells, L. E.: »They disappeared into the Unknown«, in: »FATE Magazine«, 6/1956
71 Corrales, Scott: »Nonpeople from Nowhere. Strange Lands examined«, in: »Fate Magazine«, 11/2001
72 Setsiba, Tuduetso: »Mysterious Fires traumatize Students«, in: »Mmegi. Botswana Weekly Newspaper«, 23. Februar 2005
73 Hausdorf, Hartwig: »Das Jahrhundert der Rätsel und Phänomene.« München 1999
74 Bender, Hans: »Unser sechster Sinn.« Stuttgart 1971
75 Fort, Charles H.: »Wild Talents.« New York 1932
76 Farkas, Victor: »Unerklärliche Phänomene jenseits des Begreifens.« Frankfurt/Main 1988
77 Moore, Steve: »Hair today«, in: »Fortean Times«, Vol. 177, 2003 Special
78 De Groot, Jan Jacob M.: »Religious Systems of China.« Leiden 1892
79 Harpur, Patrick: »Landscape of Panic«, in: »Fortean Times«, Dezember 2000
80 Grant, Joan: »Time out of Mind.« London 1956
81 Kolosimo, Peter: »Woher wir kommen.« Wiesbaden 1972
82 Smarsch, Karl H.: Persönliche Korrespondenz mit dem Autor vom 28. Juli 2004
83 British UFO Research Association (BUFORA): »Vehicle Interference Project«, Burgess Hill/Sussex 1979
84 Meckelburg, Ernst: »Bremsmanöver der Psyche«, in: »Esotera« 9/1979
85 Keel, John: »Operation Trojan Horse.« New York 1970
86 o. V.: »Geologe will Rätsel im Tal des Todes lösen«, in: »Passauer Neue Presse«, 14. August 1970

[87] »Racetrack Playa in Death Valley«, auf: http://www.jonsullivan.com/racetrack.php

[88] Hausdorf, Hartwig: »Begegnungen mit dem Unfassbaren. Reisen zu den geheimnisvollsten Stätten unserer Welt.« München 2002

[89] Holbe, Rainer: »Phantastische Phänomene. Den großen Rätseln auf der Spur.« München 1993

[90] De Oliveira, V. M.: Persönliche Korrespondenz mit dem Autor vom 16. Juni 2004

[91] Spies, M.: Persönliche Korrespondenz mit dem Autor vom 11. Januar 2005

[92] Hirsch, G.: Persönliche Korrespondenz mit dem Autor vom 15. März 2002

[93] Kovach, Tom: »The Mystery of Spook Hill«, in: »FATE Magazine« , 10/2004

[94] Griffin, Shauna: »Magnetic Hill«, in: »FATE Magazine«, 12/2004

[95] Simmler, N.: Persönliche Korrespondenz mit dem Autor vom 4. November 2004

[96] o. V.: »ADAC-Reiseführer Dominikanische Republik.« München 2003

[97] Sieveking, Paul: »Up the Hill backwards«, in: »Fortean Times« Vol. 178, Dezember 2003

[98] Litster, John: »Notes and Data on the Oregon Vortex.« Gold Hill/OR, o. J.

[99] Baudains, Nigel: »Ball of Lightning shot across Room«, in: »The Guernsey Press and Star« vom 5. März 2005

[100] Lane, Frank W.: »The Elements rage.« New York 1949

[101] Gaddis, Vincent: »Mysterious Fires and Lights.« New York 1967

[102] Krassa, Peter, und Habeck, Reinhard: »Die Palmblatt-Bibliothek und andere geheimnisvolle Schauplätze dieser Welt.« München 1993

[103] Charroux, Robert: »Phantastische Vergangenheit.« München 1966

[104] Shivute, Oswald: »Mysterious Fires still threaten Kuku Kakaya«, in: »The Namibian«, 2. September 2004

[105] o. V.: »The mysterious Fires of Canneto di Caronia«, auf: http://www.cnn.com

[106] Rutkowski, Trevor: »Ghostlight Contact«, auf: http://www.ghosts.org

107 o. V.: »Ball Lightning«, auf: http://www.crystalinks.com
108 Eccles, J. C.: »Das Gehirn des Menschen.« München und Zürich 1975
109 Müller, Horst: »Wir sind nicht tot!« Hamburg 2000
110 Kolosimo, Peter: »Sie kamen von einem anderen Stern.« Wiesbaden 1969
111 Knop, Doris: »Reisen in China.« Bremen 1988
112 Brookesmith, Peter (Hrsg.): »The Age of the UFO.« London und Sydney 1984
113 Nopporn, Khun: »The forever Mystery of Nongkhai.« Ausschreibung des Touristikunternehmens Nopporn Soongnart vom Oktober 1999
114 Freeman, Richard: »In the Coils of the Naga«, in: »Fortean Times«, Vol. 166, Januar 2003
115 Leserbrief von A. P. Surrency, in: »Savannah Morning News«, 23. Oktober 1872
116 Barron, Ruth T.: »Footprints in Appling County.« Dallas/Georgia 1981
117 Rowlett, Curtis: »The Surrency Spook Light«, auf: http://www.strangemag.com
118 o. V.: »Die Brown Mountain Lights – Rätsel in North Carolina«, auf: http://www.para.alien.de/raetsel/brownmt
119 Peters, Frank: »Entdeckungsreise – auf der Suche nach außergewöhnlichen Phänomenen«, in: »DEGUFORUM«, 12. Jg., Nr. 45, März 2005
120 Davies, Paul: »Mehrfachwelten. Entdeckungen der Quantenphysik.« München 1981
121 Thürkauf, Max: »Der Primat des Geistes«, in: »esotera«, Februar 1980
122 Herberts, Gottfried: »Begegnungen mit Außerirdischen.« Frankfurt/Main 1977
123 Weinberg, Steven: »Die ersten drei Minuten.« München 1997
124 Däniken, Erich von: »Erscheinungen. Phänomene, die die Welt erregen.« Düsseldorf 1974
125 Durer, Christiane: »Tamalita. Erzählung aus einer wirklichen Welt.« München 2004
126 Bavink, Bernhard: »Die Naturwissenschaft auf dem Wege zur Religion.« o. O. 1946

[127] Davies, Paul: »Der Mensch ist eine Welle.« Hamburg 1987
[128] Sheldrake, Rupert: »Das Gedächtnis der Natur.« Bern 1990
[129] Sheldrake, Rupert: »Seven Experiments that could change the World.« London 1994
[130] Sheldrake, R., McKenna, T., und Abraham, R.: »Denken am Rande des Undenkbaren.« Bern 1993
[131] Dürr, Hans-Peter (Hrsg.): »Physik und Transzendenz.« Bern 1986
[132] Bohm, David, und Peat, F. David: »Das neue Weltbild.« München 1990
[133] Buttlar, Johannes von: »Gottes Würfel. Schicksal oder Zufall.« München 1992
[134] Capra, Fritjof: »Wendezeit.« Bern 1983
[135] Hirstein, Andreas: »Wir irren uns empor«, in: »Neue Zürcher Zeitung am Sonntag«, 27. März 2005
[136] Fort, Charles H.: »The complete Books of Charles Fort.« New York 1974
[137] Gleick, James: »Chaos – Making a new Science.« London 1988

Register

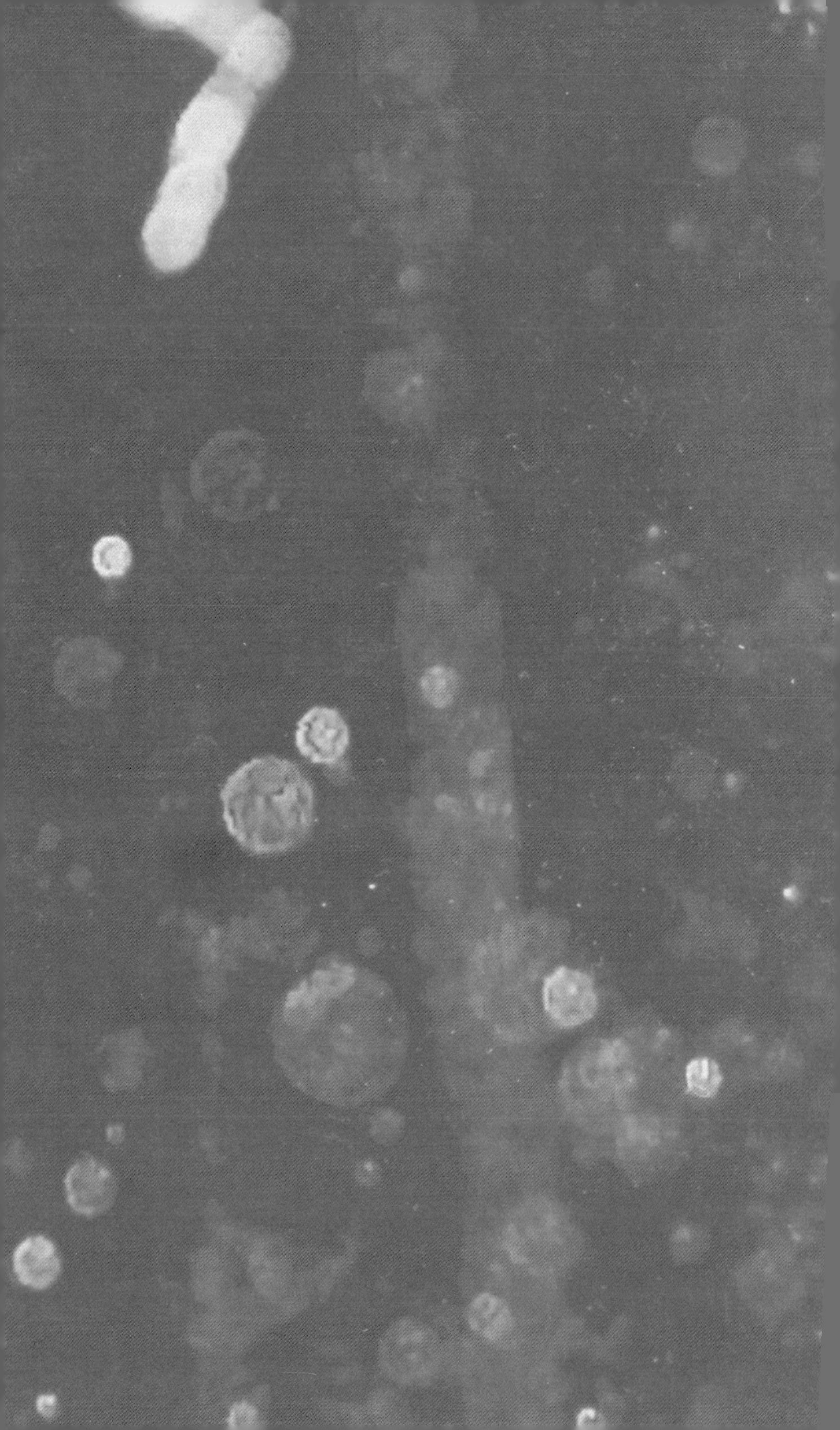